在家轻松做西餐

总策划　杨建峰　　　主　编　陈志田

江西科学技术出版社

图书在版编目（CIP）数据

在家轻松做西餐 / 陈志田主编.— 南昌：江西科学技术出版社, 2014.4
ISBN 978-7-5390-5017-1
Ⅰ.①在…　Ⅱ.①陈…　Ⅲ.①西式菜肴—烹饪　Ⅳ.①TS972.118

中国版本图书馆CIP数据核字（2014）第045645号
国际互联网（Internet）地址：
http：//www.jxkjcbs.com
选题序号：KX2014034
图书代码：D14030-101

在家轻松做西餐　　陈志田主编

出　　版　江西科学技术出版社
社　　址　南昌市蓼洲街2号附1号
　　　　　邮编：330009　电话：（0791）86623491　86639342（传真）
印　　刷　北京新华印刷有限公司
总 策 划　杨建峰
项目统筹　陈小华
责任印务　高峰　苏画眉
设　　计　松雪图文 SONGXUE TUWEN　王进
经　　销　各地新华书店
开　　本　787mm×1092mm　1/16
字　　数　260千字
印　　张　16
版　　次　2014年9月第1版　2014年9月第1次印刷
书　　号　ISBN 978-7-5390-5017-1
定　　价　28.80元（平装）

赣版权登字号-03-2014-70

目录 CONTENTS

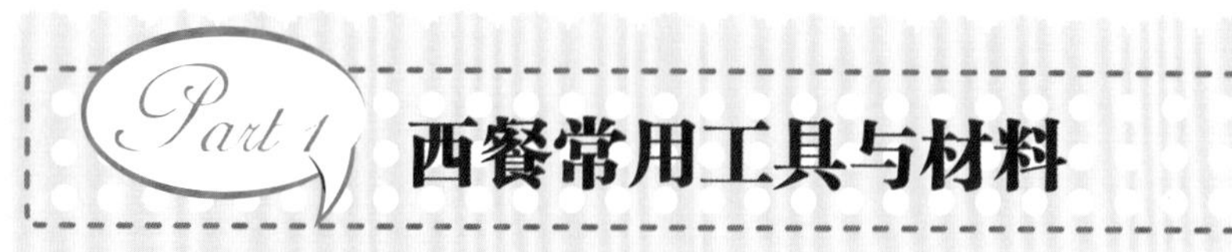

Part 1 西餐常用工具与材料

西餐的特色工具

西餐的特色材料

西餐的特色调料

Part 2 基本高汤、酱汁的制作

高汤

Part 3 正式全套西餐

第二道菜是汤

第三道菜是副菜

第四道菜是主菜

第五道菜是蔬菜类菜肴

第六道菜是甜品

最后上餐后饮料

Part 4 西餐主食

粉、面

饭、饼

其他

Part 5 西餐礼仪

餐前礼仪

餐中礼仪

餐后礼仪

传统的西式服务礼仪

其他礼仪

Part 1

西餐常用工具与材料

西餐一直以优雅和精致著称，无论从刀具的使用，还是选材、选料方面，都自有一套西方人的模式。烹饪不同的菜肴，会先从选择食材开始，然后根据它们的特性来选择不同的工具及调味料，这样烹制出的菜肴形色美观，口味鲜美，且营养丰富。

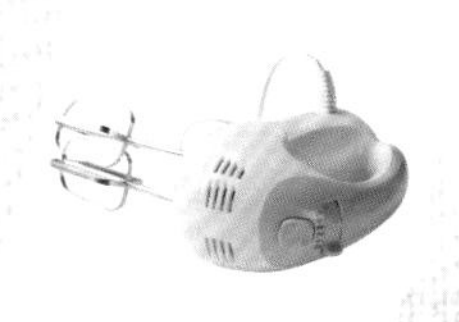

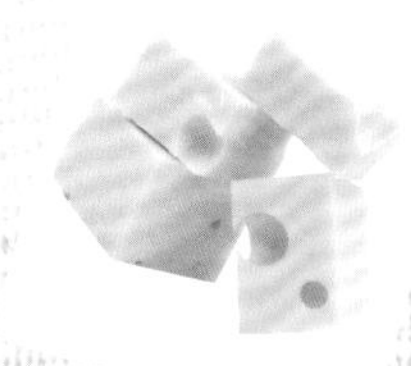

one 西餐的特色工具

西餐的烹调工具影响着菜品的味道。要想让西餐菜肴更完美，选择正确的烹调工具是重要的一个环节，一点也马虎不得。另外，正确使用刀具切割食材，不仅可以保持食材的美感，还能保留其营养成分。接下来，我们就先从认识西餐的工具开始，逐一为大家介绍这些工具的用途。

家用烤箱

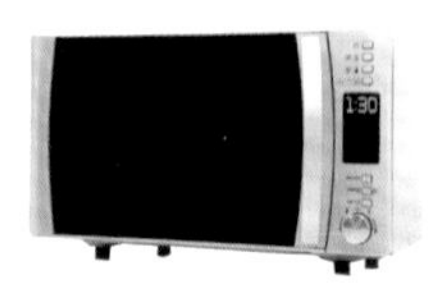

●● 家用烤箱分为台式小烤箱和嵌入式烤箱两种。在西餐中，通常用来焗饭、烤果仁、烤肉、烘焙、解冻等。

微波炉

●● 微波炉是在制作西餐时，使用频率比较高的厨房电器之一，可以用来对食物进行烹调、解冻、加热、保鲜等。

网状烤盘

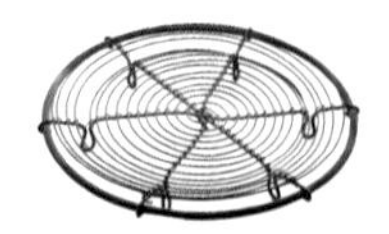

●● 网状烤盘可令食物上下层加热均匀，从而使食物内外生熟一致,西餐中多用于制作饼类食物。

平底锅

●● 平底锅是一种用来煎煮食物的器具。在西餐中，适合用来烤制或炒制海鲜、蔬菜和肉类等菜肴。

炒锅

●● 炒锅是一种常用的烹饪工具，西餐中主要用作炒制肉类或蔬菜类的菜肴，也可用作炸制食物。

汤锅

●● 汤锅一般以不锈钢为材质，是使用率极高的厨房工具之一。西餐中主要用来煮汤、熬酱汁等。

厨刀

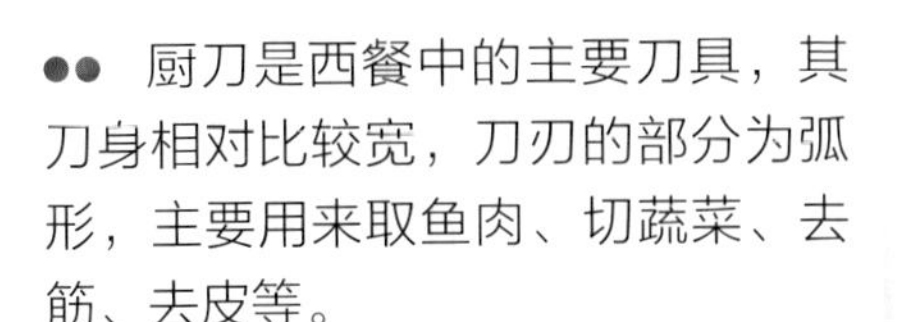

●● 厨刀是西餐中的主要刀具，其刀身相对比较宽，刀刃的部分为弧形，主要用来取鱼肉、切蔬菜、去筋、去皮等。

剔骨刀

●● 剔骨刀大致分为尖刀、直刀、弯刀三种，其刀身短小，质地坚硬。西餐中主要用来剔断筋骨、切割软骨，也用于切割肉类。

锯齿刀

●● 锯齿刀刀身窄而长，刀片韧性强，刃口为锯齿形，十分锋利。西餐中常用它取果肉或切点心等。

面包刀

●● 面包刀，刀刃呈齿状，比较锋利，比厨刀更薄。西餐中常用来切割面包、蛋糕等。

沙拉刀

●● 沙拉刀比厨刀的规格小，但轻巧灵便，实用简单。在西餐中，专门用来切蔬菜类的食材。

奶油抹刀

●● 奶油抹刀是将奶油刮起来涂抹在蛋糕上的工具，刀刃越薄越好。西餐中常用它往蛋糕上抹奶油。

蚝刀

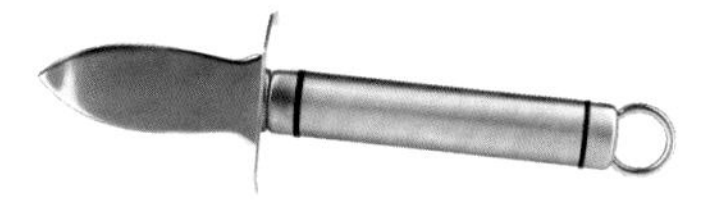

●● 蚝刀是一种轻松开撬贝壳的工具，刀身短硬，刀刃较钝。西餐中主要用它来撬开生蚝外壳。

厨房剪刀

●● 厨房剪刀是一种专为厨房设计的器具。西餐中常用它开启瓶盖，也可以剪断鸡骨、夹开螃蟹等。

肉锤

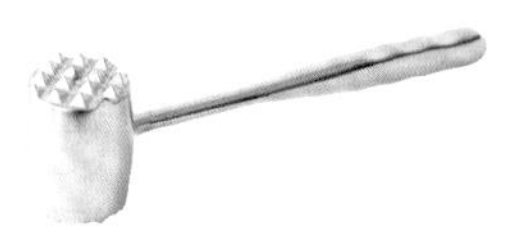

●● 肉锤是典型的西式厨具之一。在西餐中，经常用来锤松肉排、砸断肉筋，以使肉排的肉质更加鲜嫩，便于烹制。

挖球器

●● 挖球器有单头的，也有双头的，一大一小两个头。西餐中主要用于将水果、雪糕挖成球形，可用作装饰或制成花式冰激凌。

搅拌器

●● 搅拌器是厨房中必不可少的用具之一，多以不锈钢为材质。西餐中常用来打散鸡蛋，制成蛋液。

电动搅拌器

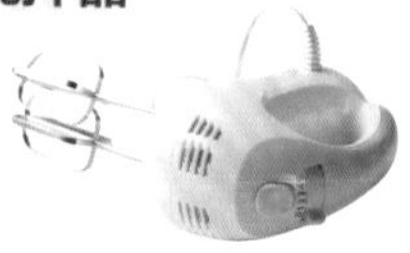

●● 电动搅拌器搅拌速度快，且更加省力，打发的效果更好，西餐中制作蛋糕时，用它来搅拌面糊。

刨丝器

●● 刨丝器在西餐中的应用极为广泛，是西式厨房的好帮手，可以将整块奶酪或蔬果刨成丝状。

计时器

●● 计时器是利用特定的原理来监测时间的装置。在烹饪西式菜肴时，通常用它来计算时间。

厨房秤

●● 厨房秤是用于烹饪时精确计量食物原料重量的工具。西餐中用它来称量食物重量，以便调配酱料。

量杯

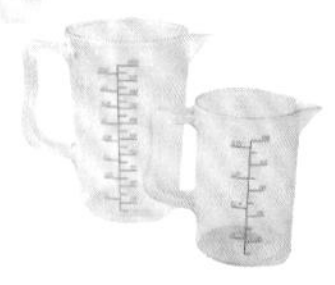

●● 量杯用于量度从量器中排出液体的体积，是西餐中制作甜点时候的必要工具。

量匙

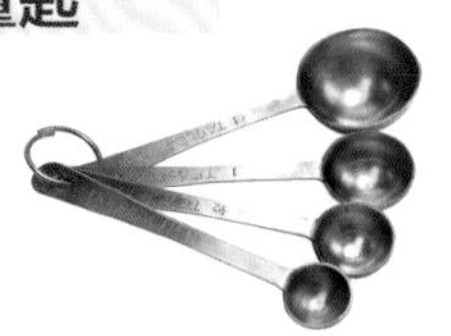

●● 量匙是一种圆形的带柄小浅勺，用于称量小剂量的液体或细碎食材。在烹饪西餐时，通常用来称量橄榄油、柠檬汁等。

滤网

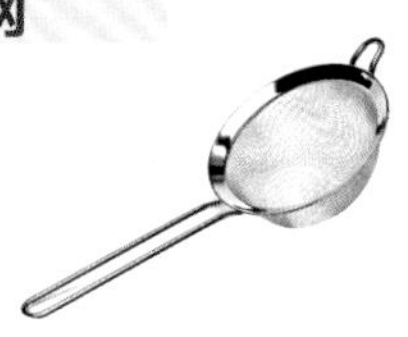

●● 在烹制西餐中，滤网能起到很大的辅助作用，不但可以过滤酱汁、汤汁，还可以用来过筛面粉，去除硬粒，使之更细腻。

漏勺

●● 漏勺是烹饪西餐菜肴时用到的工具，勺子中间有很多小孔，可以将食物从液体中捞起，滤去水分。

蛋铲

●● 蛋铲耐高温，一般为不锈钢材质，是厨房的必备用品。在烹饪西餐的过程中，通常用来煎蛋。

面板

●● 面板是制作面食的工具之一。制作面包、蛋糕时，用它来和面、擀面等，一般为长方形。

不锈钢盆

●● 不锈钢盆在西餐中用途广泛，比较耐高温，不但可以用来腌渍、和面，还可用来清洗瓜果蔬菜等。

食物搅拌机

●● 食物搅拌机分为家用搅拌机和商用搅拌机两类。西餐中主要用它来搅碎肉类食物。

披萨刀

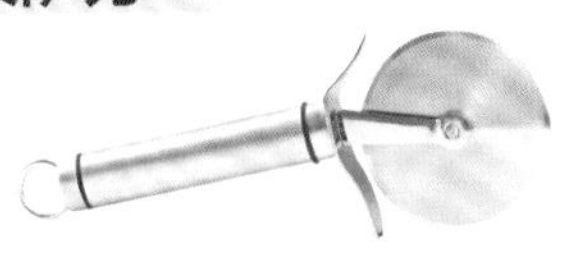

●● 披萨刀半径4.5厘米左右，比其他刀具的半径大，刀刃结实耐用，而且容易清洗。

西餐的特色材料

西餐的选材，可以说是十分讲究的，能否烹饪出美味可口的西餐菜肴，取决于食材的选择是否合理。不同的食材，只要通过厨师的巧思，运用各式各样的调味料，然后再经过巧妙的烹调技法，就可以变成一道道独具风味的西餐佳肴。下面就为大家简单介绍一些比较有特色的材料。

意大利米

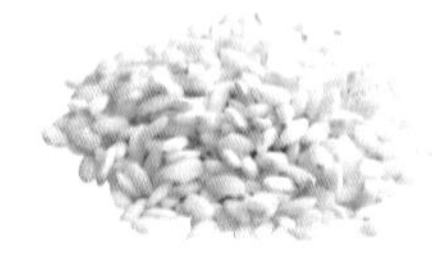

意大利米是产自意大利的一种米，比国产米的颗粒大1.5倍，呈奶油状，耐嚼，是西餐中用做意大利烩饭的主要大米。

意式通心粉

意式通心粉又称意大利斜切面，呈黄色，口感好。在西餐中，可用于拌食，也可用于制作汤品、炒面、凉拌沙拉等。

鳄梨

鳄梨又叫牛油果，通常生食。在西餐中，常做成鳄梨沙拉，还可以制成鳄梨墨西哥酱。

油橄榄

油橄榄可以直接食用，口感独特，别具风味，西餐中常用来制作沙拉。

黑橄榄罐头

黑橄榄罐头可以直接食用，不过在烹饪西餐的过程中，却用来制作沙拉，或做成馅料使用。

番茄罐头

番茄罐头是制作西餐料理的不二之选，可以作为配菜，也可以用来制作沙拉、甜点等。

白豆罐头

●● 白豆罐头用于西餐中，大多与其他食物混合制成沙拉，或者作为肉类食物的佐料，还可以拌入意大利面中同食。

德国酸菜

●● 德国酸菜是德国的传统食品，用圆白菜或大头菜腌制而成，常用于西餐料理中，可以煮汤，还可以搭配各种菜肴食用。

西冷牛排

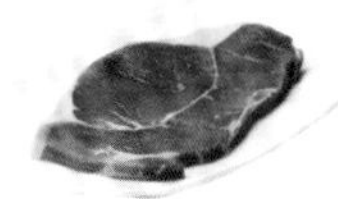

●● 西冷牛排又称沙浪牛排，肉细多汁，口感鲜嫩。西餐中主要用于煎烤，搭配水果、蔬菜来食用。

牛仔骨

●● 牛仔骨又称牛小排，是西餐的常客之一，含有丰富的优质蛋白质，主要用于煎烤。

羊排骨

●● 羊排骨即连着肋骨的肉，外覆一层薄膜，肥瘦结合，质地松软。西餐中主要用于香煎、烘烤等。

银鳕鱼

●● 银鳕鱼又叫裸盖鱼，营养价值极高，肉质细嫩，西餐中主要用于清蒸、香煎。

马鲛鱼

●● 马鲛鱼刺少肉多，作为西餐料理的食材之一，常用于香煎、红烧，也可做馅料，制成马鲛鱼饺。

波士顿龙虾

●● 波士顿龙虾肉质嫩滑细致，味道鲜美，其营养物质易被人体消化和吸收。西餐中可汆煮后食用。

西餐的特色调料

西餐的调味料可以用一个词来形容——五花八门，有香甜的、辛辣的，也有咸酥的、微酸的。在烹调或烘焙过程中，这些调味料有着画龙点睛的作用，为食材增添了色彩，赋予每一道佳肴妙不可言的好滋味。下面就为大家介绍几种比较有特色的调味料。

百里香

百里香是西餐中是常用的香料，味道辛香，主要用来制成香料包、酱汁，作为汤、蔬菜、禽肉、鱼的调味品。

莳萝草

莳萝草味辛甘甜，可作为小茴香的代用品，西餐中多用于制作沙拉、酱汁，还可以用来烹制鱼类或肉类的菜肴。

罗勒

罗勒又叫九层塔，芳香四溢，在西餐里很常见，主要适用于肉类、海鲜、酱料的烹制。

薄荷

薄荷会散发出特殊的气味，其幼嫩的茎尖可作菜食，西餐中主要适用于烹制酱汁羊肉。

迷迭香

迷迭香有着浓郁的香味，味辛辣，带有茶香，在西餐中，通常适用于羊肉、羊排或牛排的烹调。

香芹

香芹是一种香辛叶菜类，西餐中应用较多，多作冷盘或菜肴上的装饰，也可作香辛调料。

牛至叶

●● 牛至叶是西餐里烹制意大利薄饼、墨西哥菜、希腊菜中必不可少的香料，也可以用于添香，或去除肉类的膻味。

龙蒿

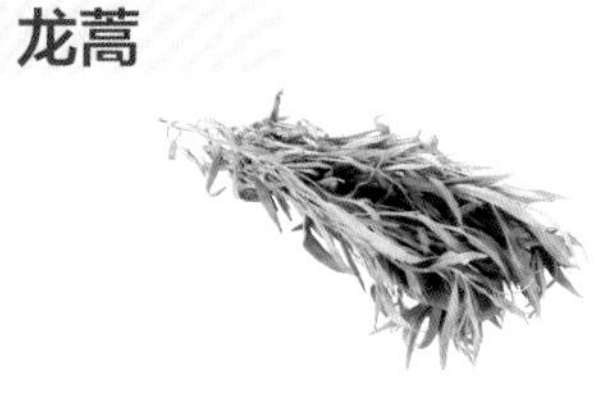

●● 龙蒿有种大茴香的清香味，是制作酱汁、汤品的好材料，主要用于鱼肉、鸡肉、蔬菜的烹调。

香茅

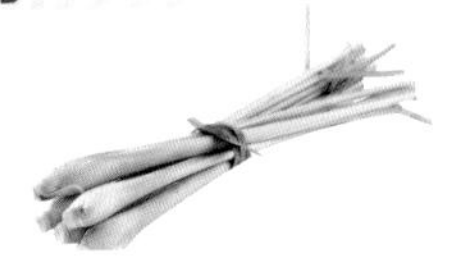

●● 香茅为西餐中常见的香草之一，因有柠檬香气，又称为柠檬草，多用于禽肉、海鲜的烹调。

月桂叶

●● 月桂叶也称香桂叶，带有辛辣味，是西餐常用的调味料，适合于汤品与酱汁，也用于餐点装饰。

藏红花

●● 藏红花一般指番红花，是法式烹调饮食的常用香料，适用于禽肉、海鲜、鱼类中的料理。

丁香

●● 丁香又称为紫丁香，具有独特的芳香，西餐中多用于点心与酒的制作。

小茴香

●● 小茴香香气浓郁，一般使用其叶部与种子，通常用于制作西餐中的沙拉或酱汁。

肉豆蔻

●● 肉豆蔻又名肉蔻，西餐中一般用作调味，也可用于搭配鲜奶、水果、蔬菜来食用。

肉桂

●● 肉桂又名玉桂，味甜而辣，一般主要用在点心与面包制作上，特别用在制作西餐里的苹果派时，口感更酥软。

鼠尾草

●● 鼠尾草香味浓烈，在西餐中，通常用于调制馅料，以及用于猪肉、鸡肉、豆类、奶酪或者野味材料的烹调。

葛缕子

●● 葛缕子的味道有点像小茴香，在德国料理里最常使用，通常用于制作面包、蛋糕、奶酪等。

蒙特利调料

●● 蒙特利调料是由香辣的胡椒和辣椒结合而成的一种调味料，具有独特的辛香味。

黑胡椒粒

●● 黑胡椒粒气芳香，味辛辣，其果实在晒干后通常可作为香料和调料使用。

特级红椒粉

●● 红椒粉是产于中南美洲的一种热带辣椒，经干燥后磨成粉，西餐中主要用作各式菜肴的调味。

奶酪粉

●● 奶酪粉外观类似奶粉，呈乳白色至淡灰色，在西餐中，多数用于制作蛋糕、饼干、面包等。

香草粉

●● 香草粉能增加食品的口感及食品本身的独特香气，西餐中适用于制作乳制品、蛋糕、饮料。

杏仁粉

●● 杏仁粉是杏制品的一种，由杏仁研磨加工而来，营养丰富，在西餐中，通常用于制作饮品、蛋糕以及饼干等。

可可粉

●● 可可粉带有浓烈的香气，是可可饼脱脂粉碎之后的粉状物，西餐中可用于巧克力、冰激凌、蛋糕、面包的制作。

香草沙拉酱

●● 香草沙拉酱最常用于美式料理的沙拉里，可用来拌水果或蔬菜，有时也会加少量的肉类食用。

红咖喱酱

●● 红咖喱酱的色泽红艳，味道奇香，辣味浓郁，在西餐中，一般用来制作肉类、海鲜方面的料理。

第戎芥末酱

●● 第戎芥末酱在世界独享盛名，与畜肉的搭配十分契合，在欧系菜肴里常作为酱汁调料的基底。

烤肉酱

●● 烤肉酱一般用于各式西餐烤肉中，尤其是制作烤肉蘸酱或者拌饭，味道更佳。

番茄膏

●● 番茄膏有独特的酸甜口味，是番茄酱的浓缩制品，在西餐中，可以用做酱料、汤品、馅料。

意大利香醋

●● 意大利香醋又称意大利黑醋，浓度比中国黑醋高，在西餐中，多用于制作沙拉、凉拌菜等菜肴。

甜酱油

●● 甜酱油色泽红褐或黑褐，甜咸适口，用其烹制菜肴，色鲜味香，尤其是用于西餐中烹调肉类菜肴，更加美味可口。

橄榄油

●● 橄榄油色泽呈浅黄色，是最理想的凉拌用油和烹饪用油，常用于西餐中肉类、海鲜等佳肴的烹调。

黄油

●● 黄油色泽浅黄，质地均匀，气味芬芳，一般很少直接食用，西餐中通常作为烹调食物的辅料。

淡奶油

●● 淡奶油也叫稀奶油，一般用来制作奶油蛋糕、提拉米苏、冰激凌等。

白奶油

●● 白奶油色泽洁白，带有浓郁奶香，在西餐中作为调味品，广泛用于制作蛋糕、面包、饼干等。

奶酪

●● 奶酪是一种发酵的牛奶制品，可以直接食用，越嚼越香，是西餐中独具风味的奶制品。

蜂蜜

●● 蜂蜜是由单糖类的葡萄糖和果糖构成，在西餐中，一般作为烤肉类菜肴的辅助食材。

面包糠

●● 面包糠是一种广泛使用的食品添加辅料，香酥脆软，在西餐中，适用于油炸及油煎。

Part 2

基本 高汤、酱汁的制作

酱汁对于西餐，具有重要的影响，甚至直接决定菜肴美味与否。高汤也是西餐用料的重要组成部分，能使汤品或菜肴呈现天然香醇的鲜味。下面为大家详细介绍常用酱汁、沙拉酱汁、高汤有哪些品种，以及制作所需的用料、做法和用途。

高汤

制作高汤是烹调西餐菜肴中很重要的一个环节。不同的高汤使用不同的食材和不同的手法来熬煮，不但不会破坏食材的原味，而且还能提升食材的美味，从而成为一道道令人食指大动的汤品和菜肴，如蔬菜高汤、鸡骨高汤、猪骨高汤、鱼骨高汤等，莫不如此。

蔬菜高汤

用途

可以让食材的口感变得丰富起来，适合用来制作意大利蔬菜汤、南瓜汤，也非常适合素食者食用。

用料

水4升，胡萝卜180克，白萝卜160克，西芹250克，西红柿120克，蘑菇110克，洋葱200克，青蒜100克，月桂叶、百里香、香芹梗各适量，白胡椒10克，盐4克

做法

- 1 将蔬菜洗净备用。
- 2 将蔬菜与香料放入大锅中，加水拌匀，大火煮沸后转小火煮1小时。
- 3 用滤网将汤过滤，取清汤即可。

鸡骨高汤

用途

鸡骨高汤用于制作意大利面、浓汤等西餐，可提升各式菜肴的味道，令菜肴更加美味可口。

用料

水4升，鸡骨2000克，洋葱200克，胡萝卜100克，西芹100克，青蒜80克，月桂叶、百里香、香芹梗各适量，盐4克，白胡椒10克

做法

- 1 将材料洗净备用。
- 2 向锅中注水烧开，将鸡骨汆去血水后捞出洗净。
- 3 将鸡骨与其他用料入锅中，大火烧开转中火煮90分钟，将高汤过滤即可。

鸡肉清汤

鸡肉清汤能够提升西式菜肴中食材的美味，非常适用于烹制一些鸡肉类或比较精致的菜肴。

用料

鸡骨高汤4升，鸡肉1000克，洋葱200克，胡萝卜、西芹、青蒜各80克，香芹梗20克，月桂叶、盐、黑胡椒各适量

做法

- 1 鸡肉洗净切成肉蓉；蔬菜洗净。
- 2 鸡蓉装碗，加入除鸡骨高汤外的用料拌匀，装入纱布包中。
- 3 锅中加鸡骨高汤、纱布包，中火煮沸转小火煮4小时，鸡汤用纱布过滤，滤除渣滓，只取清汤留用即可。

小牛骨白色高汤

用途

此汤在西餐中可作为牛肉汤（如西红柿牛肉汤、罗宋牛肉汤、匈牙利牛肉汤等）的基底原料。

用料

水4升，小牛骨2000克，洋葱200克，胡萝卜100克，西芹120克，青蒜50克，月桂叶、百里香、香芹梗各适量，盐4克，白胡椒5克

做法

- 1 将小牛骨洗净剁段；蔬菜洗净。
- 2 小牛骨放入沸水中汆烫去除血水。
- 3 汤锅中放水、小牛骨、香料，中火煮沸转小火煮约7小时，随时去除浮油，最后用滤网将汤过滤即可。

小牛骨褐色高汤

用途

小牛骨褐色高汤，在西餐中可以作为沙司酱汁的调料，还适用于风味较浓郁的牛肉菜肴。

用料

小牛骨白色高汤4升，小牛骨2500克，洋葱、胡萝卜、西红柿各120克，西芹、青蒜各80克，月桂叶、百里香、香芹梗、盐、白胡椒各适量，番茄酱120克

做法

- 1 小牛骨洗净剁段；蔬菜洗净切丁。
- 2 将蔬菜丁铺在烤盘上，再放牛骨段，将烤盘放入预热至180℃的烤箱，烤30分钟。
- 3 将食材放锅中，加高汤和香料、盐、番茄酱拌匀，小火煮8小时，过滤即可。

牛肉清汤

用途

牛肉清汤作为西餐的基本调味汤底，应用非常广泛，通常适用于制作各种各样的汤品。

用料

小牛骨白色高汤4升，牛肉1000克，洋葱200克，胡萝卜、西芹、青蒜各80克，香芹梗20克，盐、黑胡椒、迷迭香、月桂叶各适量

做法

- 1 将牛肉洗净切末；蔬菜洗净切好。
- 2 将牛肉末装碗，加蔬菜、香料、盐拌匀，装入纱布包中扎紧袋口。
- 3 汤锅中加高汤、纱布包，中火煮沸转小火煮4小时，汤用纱布过滤即可。

鱼骨高汤

用途

鱼骨高汤一般可以作为西餐中海鲜类汤品，或鱼类、肉类菜肴的调味汤底，鲜甜可口。

用料

水4升，鱼骨2000克，洋葱200克，胡萝卜、西芹各100克，月桂叶、百里香、香芹梗各适量，盐4克，白胡椒10克，白葡萄酒100毫升

做法

- 1 将鱼骨洗净；蔬菜洗净切好备用。
- 2 鱼骨放入沸水中汆烫捞出。
- 3 将鱼骨、香料、蔬菜、白葡萄酒和盐入锅，加水大火煮开，改小火煮约1小时，最后滤出汤汁即可。

鲜虾浓汤

用途

鲜虾浓汤，也被称为一种法式的奶油浓汤，一般可以作为西餐中海鲜类汤的调味汤底。

用料

鱼骨高汤4升，虾头2000克，洋葱200克，胡萝卜、西芹、青蒜各80克，月桂叶、百里香、香芹梗、黑胡椒、白葡萄酒、番茄酱、奶油、沙拉油各适量

做法

- 1 所有蔬菜洗净切好；虾头洗净。
- 2 沙拉油和奶油入锅加热，加所有用料，注水，大火煮开转小火煮1小时。
- 3 捞出材料，用搅拌机打碎，倒回汤中小火煮滚，熬好的汤用滤网过滤即可。

蘑菇高汤

用途

蘑菇高汤十分鲜美，又富有营养，通常可以作为西餐中蔬菜类汤品，或肉类汤品的调味汤底。

用料

水4升，松茸100克，羊肚菌、牛肝菌各120克，洋菇200克，香菇150克，洋葱100克，青蒜80克，月桂叶、百里香、香芹梗各适量，白胡椒、盐各适量

做法

- 1 将蔬菜洗净切好备用。
- 2 将水及所有蔬菜、香料一起入锅拌匀，大火煮沸后转小火煮2～3小时。
- 3 用滤网将汤过滤，取清汤即可。

猪骨高汤

用途

猪骨高汤，在西餐中一般可以作为各式各样汤品的汤底，同时也可以作为基础味来调味。

用料

水4升，猪骨2000克，洋葱200克，胡萝卜、西芹各100克，青蒜50克，月桂叶、百里香、香芹梗各适量，盐4克，白胡椒5克

做法

- 1 猪骨洗净剁成段；蔬菜洗净切丁。
- 2 猪骨放入沸水中汆烫捞起。
- 3 汤锅中加水、猪骨、香料、蔬菜丁和盐，大火烧开转小火煮4小时，随时去除浮油，最后用滤网将汤过滤即可。

羊肉高汤

用途

羊肉高汤香味浓郁，味道鲜美，在西餐中，通常适用于制作羊肉菜肴或肉类汤品。

用料

蔬菜高汤4升，羊肉1000克，洋葱200克，青蒜80克，香芹梗10克，盐4克，黑胡椒12克，迷迭香、月桂叶各适量

做法

- 1 羊肉洗净切末；蔬菜洗净切好。
- 2 将羊肉末装碗，加蔬菜、香料、盐拌匀，装入纱布包中扎紧袋口。
- 3 汤锅中加高汤、纱布包，中火煮沸转小火煮4小时，汤用纱布过滤，滤除渣滓，只取清汤留用即可。

常用酱汁

可以说，酱汁就是西餐的灵魂，西餐菜肴的品质就体现在酱汁上。常用的酱汁能将各种食材的味道巧妙地融合在一起，制作出令人回味的美食。每一种酱汁也不是一成不变的，它能够衍生出很多种其他酱汁，不但可用来提升食材的味道，还可弥补食材味道的不足。

番茄酱

用途

番茄酱是大家熟知的一款酱汁，在西餐中用途极广，如炒意大利面、烩海鲜、披萨等，都有它的身影。

用料

橄榄油15克，西红柿汁40克，蒜10克，香草叶6克，盐8克，黑胡椒粉2克

做法

- 1 将蒜洗净，拍松散，再切末；香草叶洗净，备用。
- 2 锅烧热，注入适量的橄榄油，放入蒜末，用小火炒香。
- 3 再加入西红柿汁，用中火煮开，放入适量的盐、黑胡椒粉，倒入香草叶，翻炒均匀，最后盛入碗中即可。

牛肉酱

用途

牛肉酱是一种以牛肉为主的调味品，味道可口，西餐中可用于烹制各式各样的牛肉或鱼肉菜肴。

用料

牛肉原汁、奶油、白酒、芥末酱各适量，盐3克，胡椒粉15克

做法

- 1 油锅烧至五六成热，放入奶油，用中火煮5分钟至奶油溶化。
- 2 再放入适量的白酒，拌匀，用大火煮沸后，加入牛肉原汁，拌匀。
- 3 倒入适量的芥末酱、盐、胡椒粉，搅拌均匀，用小火续煮至汁液浓稠，并盛入碗中即可。

香草酱

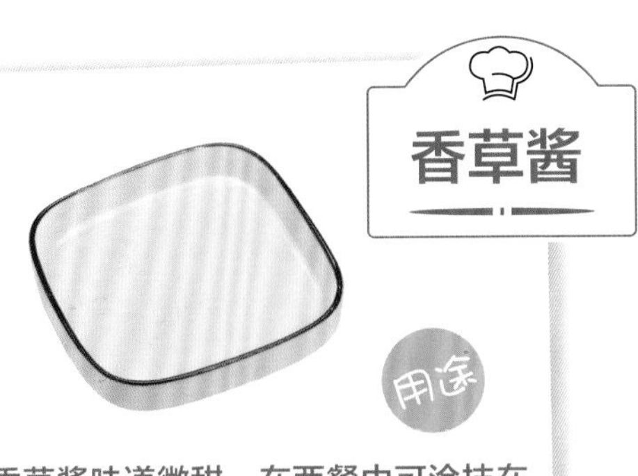

用途

香草酱味道微甜，在西餐中可涂抹在面包上食用，也可作为炒意大利面、炒贝壳类海鲜的佐料。

用料

牛奶800毫升，蛋黄120克，香草粉15克，玉米粉10克，白砂糖30克

做法

- 1 将玉米粉装碗，加开水调匀。
- 2 汤锅置于火上，倒入牛奶和香草粉，搅拌均匀，用大火煮开，制成牛奶香草汁。
- 3 将白砂糖和蛋黄倒入另一个碗中，混合搅打均匀，再放入牛奶香草汁，拌匀，用玉米粉水勾芡即可。

布朗酱汁

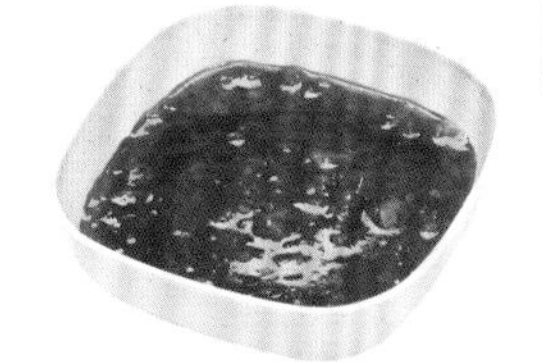

用途

此酱汁是西餐里的基础酱汁，常用于制作红酒酱汁、黑胡椒酱汁，在烹制肉类菜肴中常使用到。

用料

牛肉500克，洋葱80克，胡萝卜60克，番茄酱50克，红酒100毫升，水200毫升，月桂叶3克， 黑胡椒粒、盐各适量

做法

- 1 蔬菜洗净切块；牛肉洗净剁碎，和蔬菜混合一起入烤箱烤1.5 小时。
- 2 油锅烧热，放入烤过的原料，加入月桂叶、黑胡椒粒和番茄酱，拌炒匀。
- 3 加入红酒、盐和水，煮至汤汁浓稠，然后过滤食材渣滓即可。

红酒汁

用途

红酒汁口感浓郁，常出现在西餐中，用于烹制牛排、羊排等，如咖啡羊排、香煎牛排。

用料

红酒100毫升，酱油25毫升，白兰地15毫升，蒜少许，盐3克，黑胡椒粉4克

做法

- 1 将蒜洗净，拍松散，再剁末，装入碗中，备用。
- 2 油锅烧热，下入蒜末，炒香，倒入红酒、酱油，拌匀，用大火煮沸。
- 3 再加入白兰地、盐、黑胡椒粉，搅拌均匀，用小火煮至汤汁浓稠，并盛入碗中即可。

黑胡椒汁

黑胡椒汁是西餐中一款经典的肉类调味汁，在烹制牛排、猪排时，用来调味，香味更浓郁。

用料

牛肉原汁、洋葱、蒜、奶油、香芹、盐、胡椒粉、黑胡椒粒、红酒各适量

做法

•1 将洋葱、蒜、香芹分别洗净，切碎。

•2 油锅烧热，放入适量的奶油，用中火煮至其溶化，再下入洋葱、蒜碎炒香，加入黑胡椒粒和红酒，煮沸。

•3 放入牛肉原汁、香芹碎和盐、胡椒粉，拌匀煮开，过滤后盛入碗中即可。

小牛骨褐色酱汁

用途

褐色酱汁是西餐中一款基础酱汁，而小牛骨褐色酱汁可以用来制作黑胡椒酱料或野菇酱料。

用料

牛骨、洋葱、香芹、番茄、奶油、百里香、面粉、牛肉高汤、盐各适量

做法

•1 将洋葱、香芹、番茄分别洗净，再切碎；牛骨洗净切段，放入烤箱中，烤至褐色，备用。

•2 油锅烧热，放入奶油，用中火煮至其溶化，下入洋葱、香芹炒香。

•3 再放入番茄、百里香、盐、面粉，炒香，加入高汤和牛骨熬成汁即可。

茄酱汁

用途

茄酱汁经常出现在西餐中，不但可以用于蘸食，也可以用于烹制出酸甜美味的意大利面。

用料

蒜8克，洋葱15克，高汤适量，糖、盐各8克，番茄酱40克，醋5克

做法

•1 蒜去皮洗净，拍松散，再切碎；洋葱去膜洗净，先切片，改切条，再切碎。

•2 油锅烧热，下入蒜碎、洋葱碎煸炒，调入糖、盐、番茄酱、醋，翻炒均匀。

•3 再注入适量的高汤，搅拌均匀，大火烧开后，改小火熬成浓汁即可。

牛骨原浓汁

用途

牛肉原浓汁香味浓郁，带点奶香味，常用于西餐中，主要用来烹饪牛肉、羊排或鱼肉。

用料

小牛骨褐色高汤、红葱头、蒜、奶油、洋葱各适量，盐3克，胡椒粉15克

做法

•1 红葱头、蒜、洋葱分别洗净，切碎。

•2 油锅烧热，放入奶油，用中火煮至奶油溶化，下入红葱头碎、洋葱碎、蒜碎一起炒香。

•3 加入适量的小牛骨褐色高汤，用小火煮至汤汁浓稠之后，加入盐、胡椒粉拌匀调味即可。

鸡骨白色酱汁

用途

鸡骨白色酱汁是酱汁的一种，在西餐中经常配上其他原料，制作出各式各样的美味酱汁。

用料

牛油35克，面粉50克，鲜奶100毫升，鸡骨高汤500毫升，盐、胡椒粉各少许

做法

•1 将牛油、面粉倒入锅中，用小火拌炒均匀。

•2 再加入鸡骨高汤，不停地搅拌，以免起块。

•3 加入鲜奶，大火煮沸，转小火煮20分钟，并用打蛋器不停地搅拌，然后加入适量的盐和胡椒粉，拌匀调味即可。

鸡骨原浓汁

用途

鸡骨原浓汁带有麦芽糖的甜味，最常用来烹调出西餐里的覆盆子酱汁，搭配鸡肉卷食用。

用料

洋葱10克，鸡骨100克，酱油20毫升，麦芽糖15克，清酒8毫升，味啉5毫升

做法

•1 将鸡骨洗净；洋葱去膜洗净，切片，改切条。

•2 把洗净的鸡骨放入烤箱中，以180℃的温度烤至呈金黄色。

•3 锅置火上，倒入清酒，待酒精烧掉后将其余食材全部加入，小火煮约3.5小时，至汁呈浓稠状即可。

three 沙拉酱汁

西餐里的沙拉酱汁品种繁多，而且用途也很多，不但可以当作佐料配生菜，还可以涂抹在面包上，或者用来拌面、拌米饭等，都十分可口、开胃。以下为大家介绍几款沙拉酱汁的用料、制作方法及用途。

蛋黄酱

用途

蛋黄酱色泽淡黄，柔软适度，有一定韧性，清香爽口，西餐中一般用于制作沙拉、蛋糕。

用料

奶油40克，牛奶50克，蛋黄1个，面粉、玉米粉各8克，砂糖10克

做法

- 1 先将牛奶与砂糖、蛋黄装入碗中，搅拌均匀。
- 2 再往碗中加入玉米粉、面粉，拌匀，备用。
- 3 锅置于火上，放入奶油，中火煮至奶油溶化，加混匀的材料，用小火慢慢地加热至呈浓稠状，并装入碗中即可。

美乃滋

用途

美乃滋作为一种西方酱汁，可衍生出多款不同的美乃滋，西餐中用于沙拉、热菜或汉堡的制作。

用料

蛋黄60克，橄榄油100毫升，柠檬汁60毫升，芥末酱30克，胡椒粉、盐各少许

做法

- 1 取一只干净的大碗，放入蛋黄、胡椒粉、盐和芥末酱，先搅拌，再用打蛋器快速搅拌至膨发。
- 2 缓慢地加入橄榄油，同时搅拌均匀，速度不能太快，搅拌至完全膨发。
- 3 待完全膨发后，加入柠檬汁，并装入碗中即可。

千岛沙拉酱

用途

千岛沙拉酱经常出现在西餐厅的菜单里，口感十分好，用于制作各类蔬菜、火腿或海鲜沙拉。

用料

洋葱80克，酸黄瓜25克，香芹15克，熟蛋2个，番茄酱150克，美乃滋500克，辣酱油15毫升，牛奶50毫升

做法

- 1 将蔬菜洗净切好备用。
- 2 取碗加入美乃滋，再放入切好的洋葱、香芹、熟蛋、酸黄瓜、番茄酱、辣酱油，一起搅拌均匀。
- 3 再缓慢地加入牛奶，拌匀至酱汁浓稠即可。

塔塔酱汁

用途

塔塔酱汁又称鞑靼酱，在西餐中，通常用来搭配猪排、淡水鱼及海鲜、生菜或无盐的饼干食用。

用料

美乃滋1000克，酸黄瓜100克，洋葱100克，香芹10克，柠檬汁20毫升，盐、胡椒粉各少许

做法

- 1 将蔬菜洗净切好备用。
- 2 取一个干净的大碗，加入美乃滋，放入切好的洋葱、香芹、酸黄瓜，搅拌均匀。
- 3 再倒入柠檬汁、盐、胡椒粉，搅拌均匀，至汁液呈浓稠状即可。

法式沙拉酱

用途

法式沙拉酱是一款经典的沙拉酱汁，通常用于制作蔬菜沙拉、水果沙拉等。

用料

色拉油20毫升，红酒醋15毫升，法式芥末酱10克，洋葱8克，红椒粉、香菜各5克，牛高汤适量，糖、盐各4克，黑胡椒粉2克

做法

- 1 洋葱、香菜均洗净切碎，装入碗中。
- 2 先倒入色拉油、牛高汤，拌匀。
- 3 再加入剩余的食材，混合拌匀即可。

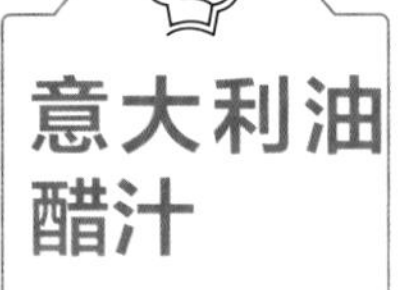

意大利油醋汁

意大利油醋汁又称红油醋汁，是西餐各式沙拉的配料之一，一般用作各式沙拉的调味汁。

用料

橄榄油15毫升，苹果醋12毫升，枫糖浆10毫升，红酒8毫升，盐、黑胡椒粉各少许

做法

- 1 先将橄榄油、苹果醋都倒入碗中，拌匀。
- 2 然后加入红酒，搅拌均匀，至汁液变色。
- 3 最后调入枫糖浆、盐、黑胡椒粉，继续搅拌均匀，至汁液呈浓稠状即可。

蓝纹奶酪沙拉酱

蓝纹奶酪沙拉酱口味独特，奶香浓郁，在西餐中，适用于制作海鲜沙拉，也可当蘸酱使用。

用料

蓝纹奶酪120克，酸奶油60克，蒜泥30克，胡椒盐20克，黑胡椒粉15克，柠檬汁15毫升，白酒醋25毫升，鲜奶油350克，鸡骨高汤100毫升

做法

- 1 将蓝纹奶酪磨成泥状。
- 2 取碗，放入除鲜奶油、鸡骨高汤外的所有用料。
- 3 用打蛋器将上述材料搅打匀，再缓慢加入鲜奶油、鸡骨高汤，拌匀即可。

凯撒沙拉酱

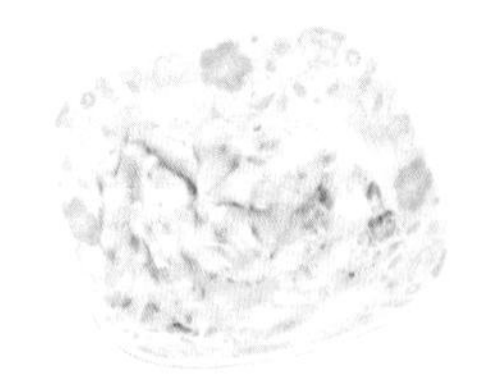

凯撒沙拉酱酸中带甜，口味层次丰富，西餐中可涂抹在面包表面食用，也可拌蔬菜、肉类、海鲜食用。

用料

柠檬汁15毫升，奶酪粉、蒜、芥末子酱各适量，美乃滋25克，鳀鱼肉30克，胡椒粉20克，辣椒水25毫升

做法

- 1 将蒜去皮洗净，切碎；鳀鱼肉洗净，剁碎，一起装入碗中。
- 2 往碗中加入柠檬汁、奶酪粉、芥末子酱、美乃滋，搅拌均匀。
- 3 最后加入胡椒粉、辣椒水，拌匀至酱汁浓稠即可。

Part 3

正式全套西餐

当你走进西餐厅时，侍应者会先领你入座，然后再送上设计精美的菜单，以便点餐。这时，就要注意哪些是开胃菜，哪些是汤品，哪些是副菜，哪些是主菜等，选好自己想要的菜，才能享受到真正的美食。

第一道菜是头盘，也称为开胃品

开胃品是西餐菜式的重要组成部分，一般具有特色风味，有冷头盘和热头盘之分，味道以咸和酸为主，色泽鲜艳，数量较少，质量较高，开胃爽口，容易刺激食用者的味蕾，从而增加食欲，常见的品种有鱼子酱、鹅肝酱、奶油鸡酥盒等。

牡蛎柠檬

材料

牡蛎350克，柠檬片少许

调料

盐、番茄酱、辣椒粉、辣椒酱各适量

做法

• 1 向锅中注入适量的清水，用大火烧开，再倒入容器中，加入适量的盐，搅拌均匀，备用。

• 2 牡蛎洗净，用刀切开，放入盐开水中，浸泡15分钟，取出后，放入盘中，备用。

• 3 将番茄酱、辣椒粉、辣椒酱倒入容器内，调匀，制成味汁。

• 4 将柠檬片用手挤出汁水，滴在处理好的牡蛎表面上，再淋入调好的味汁即可食用。

新手注意：在选购优质牡蛎时，应选体大肥实，颜色淡黄，个体均匀的牡蛎。

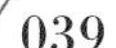

法式香煎扇贝

材料

扇贝200克，白葡萄酒100毫升，蒜末少许，淡奶油100克

调料

橄榄油、罗勒叶、黄油、鱼子酱各适量，盐5克

做法

- 1 锅注油烧热，下蒜末、淡奶油、盐炒匀，制成奶油酱汁；扇贝清洗取肉。
- 2 黄油入锅烧化，下扇贝肉略煎，淋白葡萄酒煮熟；罗勒叶入盘，放上扇贝肉。
- 3 浇入奶油酱汁，挤入鱼子酱即可。

冷冻的扇贝必须要在解冻之前烹制，否则肉质会变硬。

香葱烤鲜贝

材料

鲜贝300克，辣椒碎、葱花各少许

调料

孜然粉、黑胡椒碎各5克，生抽10毫升，盐、橄榄油各适量

做法

- 1 鲜贝洗净，以厨房用纸擦干水分。
- 2 在烧烤架上刷上橄榄油，依次放上鲜贝，烤5分钟至开口。
- 3 在鲜贝肉上刷上橄榄油，撒入孜然粉、黑胡椒碎、盐，淋入生抽，烤3分钟，撒入辣椒碎、葱花，续烤2分钟至鲜贝肉熟透即可。

鲜贝极富鲜味，烹制时不宜多放盐，以免失去鲜味。

挪威甜虾

材料

甜虾150克，土豆、熟鸡蛋各100克，蟹子20克，牛奶适量

调料

盐、丘比沙拉酱、草莓沙拉酱各适量

做法

- 1 甜虾洗净去头，剪开虾背，汆熟，装盘。
- 2 熟鸡蛋去皮；土豆洗净去皮，切块煮熟，加盐、牛奶、蛋黄捣成泥，装入模具至成形，脱模，装盘。
- 3 将准备好的蟹子撒在上面，再将丘比沙拉酱、草莓沙拉酱这两种沙拉酱挤在甜虾上即可。

新手注意：在模具内涂抹一层黄油，更加容易脱模。

海鲜魔鬼蛋

材料

鸡蛋4个，三文鱼肉100克，鱿鱼干50克，莴笋叶30克

调料

蛋黄酱、盐、海苔碎各适量

做法

- 1 鸡蛋入锅煮熟；三文鱼肉洗净，切方丁；鱿鱼干泡发洗净，切方丁。
- 2 熟鸡蛋剥去外壳，斜切去顶部。
- 3 将蛋黄挖出加三文鱼丁、鱿鱼丁、盐、蛋黄酱、海苔碎拌匀，倒入原蛋白的凹坑中，莴笋叶摆入盘中，放上做好的魔鬼蛋即可。

新手注意：在鱼肉上淋入适量的柠檬汁，味道更佳。

富贵鹅肝

材料

鹅肝酱罐头200克，薯片30克，樱桃20克

调料

糖粉10克，白醋、橄榄油各适量

做法

- 1 将糖粉、白醋、橄榄油拌匀，调成沙拉酱；樱桃洗净，备用。
- 2 打开鹅肝酱罐头，取出鹅肝酱装入模具中，压成花形，取出后切片。
- 3 将鹅肝片叠在一起，中间夹一层沙拉酱，然后在鹅肝插上樱桃，淋上沙拉酱，摆好薯片即可。

新手注意 烹制鹅肝，加热要充分，不可吃半生的，否则会引起肠胃不适。

红酒鹅肝

材料

鹅肝100克，面包50克，黑橄榄30克，薄荷叶少许，蒜1瓣，洋葱少许

调料

橄榄油10毫升，盐少许，红酒、生粉各适量

做法

- 1 蒜、洋葱切末；鹅肝沾少许生粉。
- 2 向锅内注油烧热，下蒜末、洋葱末炒香，放入鹅肝煎至两面焦黄，加盐调味。
- 3 黑橄榄去核后入锅，放入红酒，待鹅肝吸收后，盛出；将面包装盘，之后将鹅肝放在上面，放上薄荷叶装饰即可。

新手注意 鹅肝的烹调时间不能太短，至少用中火煎5分钟以上。

鱼子酱鹅肝

材料

鲜鹅肝150克，青石榴50克，鱼子酱适量

调料

白酒10毫升，盐2克，姜、葱各5克

做法

•1 将姜去皮洗净，切成末；将葱洗净，切成末；鲜鹅肝洗净；将青石榴洗净，摆入盘中，备用。

•2 将姜末、葱末放入锅中，注入适量清水，用大火烧滚后，加入白酒、盐，拌匀，倒入鲜鹅肝，煮熟。

•3 将煮熟的鹅肝捞起，沥干水分，装入盘中。

•4 将备好的鱼子酱置于鹅肝表面上即可食用。

鱼子酱切忌与气味浓重的辅料搭配一起食用，如洋葱或者柠檬都是禁止的。

鱼子酱

材料

鲟鱼300克

调料

盐5克，蓝莓酱、橄榄油各适量

做法

•1 将鲟鱼洗净，用刀从腹部切开，取鱼子，装入碗中，待用。

•2 将取出的鱼子用水稍微冲洗干净，沥干水分，放入沸水锅中，煮约2分钟，捞出。

•3 把煮熟的鱼子过一下冷水，并轻轻地搓散，以防结成块状。

•4 炒锅注入适量橄榄油，用大火烧热，下鱼子，改小火翻炒均匀，加入盐、蓝莓酱，炒匀，盛出装碗即可。

鱼子酱一次不宜制作过多，随吃随做，味道更鲜美。煮多的鱼子可放在冰箱冷冻层，食用时直接酱制即可。

法式焗蜗牛

材料

蜗牛250克，葡萄柚1个，水发香菇50克，口蘑75克

调料

白葡萄酒50毫升，胡椒粉5克，盐3克，蚝油、橄榄油各适量

做法

• 1 将蜗牛清洗干净，去外壳，取肉，切成丁状；水发香菇、口蘑洗净，切成丁状；葡萄柚去皮取肉，切成块状。

• 2 炒锅注入适量橄榄油，放入蜗牛、白葡萄酒，翻炒匀，倒入水发香菇、口蘑、葡萄柚，炒出香味。

• 3 加入胡椒粉、盐、蚝油，拌炒匀，捞出装盘，放入烤箱中，以180℃烤10分钟即可。

蜗牛在烹制之前一定要用清水冲洗个3~4遍，否则会影响口感。

蔬菜烤肉卷

材料

猪肉块250克，胡萝卜100克，洋葱80克，红椒50克，甘蓝叶适量

调料

盐5克，白胡椒粉5克，白葡萄酒、鸡粉各适量

做法

• 1 胡萝卜、洋葱去皮，洗净，切丝；红椒洗净，切丝；猪肉块洗净加盐、鸡粉、胡椒粉、白葡萄酒，拌匀腌制。

• 2 向锅注水烧开，放入盐、胡萝卜丝、洋葱丝、红椒丝煮熟，捞出装盘，撒上白胡椒粉、鸡粉，放入猪肉块，拌匀后倒在甘蓝叶上。

• 3 将甘蓝叶卷起，固定后放入杯中即可。

猪肉块腌渍之前，可以放入沸水锅中汆烫一下，这样可以去除猪肉块表面的油脂和脏物。

法式三文鱼

材料

三文鱼250克，面包片、生菜各适量

调料

盐2克，料酒、辣椒粉、番茄酱、沙拉酱各适量

做法

•1 将三文鱼洗净，切成小块；把切成小块的三文鱼汆水，加盐和料酒腌渍；将生菜洗净，撕片，铺在面包片上。

•2 把面包片切出所需的形状后，摆入盘中。

•3 将腌好的三文鱼分成两半，分别装碗，一半裹上适量番茄酱和辣椒粉，一半裹上适量沙拉酱。

•4 将调好的三文鱼分别倒在面包片上即可食用。

新手注意 在腌渍三文鱼的时候，适当地滴入几滴柠檬汁，会让三文鱼肉更加鲜嫩美味。

熏三文鱼

材料

土豆1个，三文鱼25克，柠檬2片，芝麻菜100克，鲜香菇少许

调料

奶酪酱15克，蛋清、盐各少许

做法

•1 芝麻菜洗净入盘；三文鱼洗净切薄片；鲜香菇洗净剁碎入锅炒香；土豆削皮入搅拌机加蛋清，打匀成糊状。

•2 将土豆糊捏成一个厚厚的饼，入锅蒸熟，取出，放入装有芝麻菜的盘中。

•3 将三文鱼片放在蒸架上，放入蒸锅，大火加热，用一块干净潮湿的布盖住蒸锅蒸至肉熟。

•4 三文鱼置于土豆饼上，撒上香菇碎，柠檬片摆盘，再挤入奶酪酱即可。

新手注意 在蒸三文鱼的时候，一定要控制好火候，否则蒸太久，鱼肉会变老，失去其鲜味。

香煎马哈鱼

材料

马哈鱼200克，紫菜2片

调料

白葡萄酒20毫升，酱油10毫升，盐、橄榄油、白胡椒粉各适量

做法

- 1 将马哈鱼去表皮，洗净，切成方块状，放入碗中，加入白葡萄酒、酱油、橄榄油、盐、白胡椒粉，拌匀，腌渍30分钟至鱼肉入味。
- 2 煎锅置于火上，注入适量的橄榄油，用大火烧热，放入腌渍好的马哈鱼块，改小火煎5分钟，至鱼肉两面呈金黄色，捞出，沥干油。
- 3 用紫菜片将煎好的鱼块包好，装入盘中即可。

想知道马哈鱼是否已煎熟，可以用筷子在鱼肉上扎一下，如果能扎进去了，就代表已熟透。

烤鱼挞

材料

马哈鱼块50克，西葫芦片、土豆片各15克，蛋挞皮30克

调料

细砂糖20克，鸡蛋2个，酱油10毫升，盐、橄榄油各适量，迷迭香碎少许

做法

- 1 西葫芦片、土豆片用水浸泡片刻。
- 2 将马哈鱼块洗净，放入碗中，用酱油、橄榄油、盐腌渍30分钟至入味。
- 3 鸡蛋打入碗中，加细砂糖、水拌匀成液；蛋挞皮放入挞模内捏紧，倒入鸡蛋液，放入腌渍好的马哈鱼、西葫芦片、土豆片，并放入烤盘，撒上迷迭香碎。
- 4 把烤盘放入烤箱，以180℃烤10分钟至熟，取出后脱模即可。

将挞皮放入挞模之前，可以在挞模上涂抹一层黄油，这样烘烤出来后容易脱模。

洋菇蛋挞

材料

洋菇80克，蛋挞皮20克

调料

鸡蛋2个，细砂糖、盐、橄榄油各适量

做法

- 1 洋菇洗净去柄，切成小块，备用。
- 2 炒锅注入适量橄榄油，放入洋菇，加入适量盐，炒香，捞起，备用
- 3 鸡蛋打入碗中，加细砂糖、水，拌匀成液；蛋挞皮放入挞模，捏紧，倒入鸡蛋液，倒入炒好的洋菇，放入烤盘。
- 4 将烤盘放入烤箱，以180℃烤15分钟后取出，脱模即可。

新手注意 洋菇一定要用清水清洗干净，否则会有小沙子，影响口感。

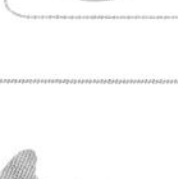

蔬菜面包卷

材料

墨西哥薄饼、烤吐司各1片，西葫芦块、红彩椒块各15克，茄子30克，鸡蛋2个

调料

盐、橄榄油各适量，葱花少许

做法

- 1 茄子洗净切块；鸡蛋打成液，放入葱花拌匀，入锅煎成蛋皮；烤吐司切块。
- 2 向锅注油烧热，放西葫芦、红彩椒、茄子、盐炒熟；铺开墨西哥薄饼，放上蛋皮、吐司块和炒好的蔬菜，卷成卷，对半切开即可。

新手注意 墨西哥薄饼在大型的进口超市可以买到。

黑橄榄面包挞

材料

法式面包100克，番茄120克，罗勒叶20克，黑橄榄50克

调料

橄榄油20毫升，盐、黄油各适量

做法

- 1 番茄、黑橄榄均洗净切小丁；罗勒叶洗净切碎；法式面包切厚片。
- 2 起油锅，放入番茄丁、黑橄榄丁、罗勒碎和盐，放入炒香；黄油涂抹在面包片上，入预热至180℃的烤箱中烤2分钟后，取出入盘，炒好的蔬菜放在面包上即可。

新手注意 法式面包最好切成1厘米左右的厚片。

红酒酱面包

材料

吐司面包100克

调料

黄油、红酒酱各适量

做法

- 1 将黄油放入烧热的煎锅中，烧至黄油溶化。
- 2 吐司放入锅中，煎5分钟，至吐司两面呈金黄色，盛出，沥干油，装入盘中，备用。
- 3 将红酒酱淋在煎好的吐司上即可。

新手注意 黄油也可以放入烧热的锅中，隔水溶化。

板烤苹果

材料

苹果2个，核桃仁适量

调料

溶化黄油20克，肉桂粉半小勺，糖粉适量

做法

•1 苹果洗净，在整个苹果1/4处切下；挖去果肉，不要挖穿底部；将核桃仁加溶化黄油、肉桂粉、糖粉混匀，制成馅。

•2 往苹果的空心处，放入核桃仁馅，盖上切下来的顶部，并随意地扎些小口，入烤箱以180℃隔水烤25分钟，取出装盘，过筛糖粉至苹果上即可。

新手注意 在挑选苹果时，以大小匀称、颜色均匀的为佳。

焗烤果仁苹果

材料

苹果1个，核桃仁、提子干、花生仁各适量

调料

蜂蜜、溶化黄油各适量

做法

•1 苹果洗净，在整个苹果1/4处切下，挖去果肉，不要挖穿底部；将核桃仁、提子干、花生加溶化黄油，拌匀。

•2 往苹果的空心处，倒入拌好的核桃仁、提子干、花生仁，入烤箱以180℃隔水烤25分钟，取出装盘，淋入适量的蜂蜜即可。

新手注意 核桃仁和花生仁在烘烤之前，入锅翻炒一下，味道会更香。

红莓苹果杯

材料

黄苹果1个，红莓20克，桑葚15克，蓝莓10克

调料

蜂蜜适量

做法

- 1 将黄苹果洗净，切去柄部1/4，并用刀雕出花形；剩余部分同样用刀挖出果肉，留外壳。
- 2 红莓、桑葚、蓝莓分别洗净，沥干水分，备用。
- 3 将洗好的水果加入蜂蜜，拌匀，倒入黄苹果壳即可。

桑葚有黑白两种，鲜食以紫黑色为佳，未成熟的不能吃。

缤纷水果杯

材料

葡萄柚、柳橙、猕猴桃、李子、石榴各1个，草莓1颗，青葡萄少许

调料

蜂蜜适量

做法

- 1 柳橙切去1/4，挖出果肉切片，留壳；猕猴桃去皮，洗净，切块；李子洗净，去核切圆形片；葡萄柚去皮，取肉，切块；石榴去皮，取肉；草莓洗净，对半切开；青葡萄洗净，备用。
- 2 将所有处理好的水果加蜂蜜拌匀，倒入柳橙壳即可。

柳橙最好选择进口的新奇士柳橙，因为它的个头比较大。

第二道菜是汤

西餐的汤大致分为分为清汤、奶油汤、蔬菜汤和冷汤4类，原料多以海鲜、肉类、蔬菜为主，风味别致，花色多样。常见的品种有牛尾清汤、各式奶油浓汤、俄式罗宋汤、海鲜汤、意式蔬菜汤、俄式冷汤、西班牙冻汤等。

西蓝花汤

材料

土豆90克，西蓝花55克，面包45克，奶酪40克

调料

盐少许，橄榄油适量

做法

•1 向锅注水烧开，放入洗净的西蓝花，焯煮捞出。

•2 把面包切丁；土豆去皮洗净，切小丁块；放凉后的西蓝花切碎；奶酪压扁，制成奶酪泥。

•3 炒锅注油烧热，下面包丁，炸至微黄色捞出；锅留油，倒入土豆丁、水，煮至土豆熟后加盐，拌匀，盛出入碗。

•4 将西蓝花碎、奶酪泥混匀，再倒入榨汁机，搅拌一会，盛入碗中，撒上面包丁即可。

新手注意 炸面包的时间不宜过长，以免将其炸煳了，危害健康。

瑞士豌豆汤

材料

干豌豆350克，鲜豌豆20克，土豆120克，奶酪15克

调料

盐2克，白胡椒粉、牛至叶粉、橄榄油各适量

做法

- 1 干豌豆用清水浸泡1小时；鲜豌豆洗净；土豆洗净，去皮切小丁；奶酪切小丁。
- 2 向高压锅内注水，放入干豌豆、土豆，小火焖煮2小时至酥软成沙，放入奶酪丁，拌匀。
- 3 将鲜豌豆入高压锅，煮4分钟至熟，放入盐、白花椒粉、牛至叶粉，拌匀调味即可。

用清水浸泡过后的干豌豆不宜煮太久，否则煮出来的豌豆汤的颜色容易变色。

法式洋葱汤

材料

白洋葱、红洋葱各125克，法式面包2片，鸡骨高汤300毫升

调料

百里香5克，黑胡椒粉3克，白葡萄酒30毫升，美乃滋酱、盐、橄榄油各适量

做法

- 1 白洋葱、红洋葱分别洗净，剥去外皮，去根，切丝；百里香洗净切碎。
- 2 向锅内注油烧热，放入洋葱丝、百里香碎，翻炒均匀。
- 3 待洋葱丝炒成深褐色，倒入白葡萄酒、鸡骨高汤，用小火熬煮25分钟。
- 4 调入盐和黑胡椒粉，拌匀至汤汁入味，并盛入碗中；面包片涂上美乃滋酱，放在汤料上即可。

炒洋葱时要耐心，用小火持续炒10分钟左右，直至洋葱变成褐色，这样煮出来的洋葱汤才更香。

奶油玉米浓汤

材料

鸡骨高汤500毫升，罐头玉米粒220克，洋葱50克

调料

法式面酱25克，无盐奶油10克，盐适量

做法

• 1 洋葱去皮切丝；汤锅置火上，加入无盐奶油，加热溶化，下洋葱丝炒香，倒入鸡骨高汤，中火熬煮15分钟，再倒入搅拌器，加法式面酱搅打成浆。

• 2 把浆倒回锅中，倒入罐头玉米粒、盐，小火煮30分钟，至汤汁浓稠，并盛入碗中即可。

新手注意：想要玉米的味道更浓些，可以加入适量的玉米面。

南瓜浓汤

材料

鸡骨高汤150毫升，南瓜200克

调料

配方奶粉20克，盐适量

做法

• 1 南瓜去皮洗净，切小块，装入盘中；取搅拌机，倒入南瓜和鸡骨高汤，快速搅拌成汁，装入碗中备用。

• 2 汤锅中加入清水，倒入奶粉，搅拌至奶粉溶化，倒入南瓜鸡汤汁，拌匀，加入盐，拌煮成浓汤，盛出入碗即可。

新手注意：向锅中加入少许鲜奶或鲜奶油一起拌煮，口感会更佳。

蘑菇汤

材料

口蘑、草菇各50克，土豆末适量

调料

盐3克，奶油15克，鸡汤、胡椒粉、黄油、葱花各适量

做法

• 1 口蘑、草菇均洗净切片；锅置火上，下口蘑片、草菇片，煸炒出水，倒入鸡汤和牛奶，烧开后改小火煮至汤微滚。

• 2 另起锅，加入黄油、土豆末，炒香，倒入蘑菇汤和奶油，搅拌成糊状，加入盐、胡椒粉调味，盛出入碗，撒上葱花，放上口蘑片即可。

新手注意 可以把煮好的蘑菇汤放入搅拌器搅拌一下，口感更油滑。

意大利蔬菜汤

材料

土豆丁、胡萝卜片各150克，洋葱丁、番茄丁各50克，蔬菜高汤500毫升，青豆60克

调料

番茄酱30克，白胡椒粉5克，盐、橄榄油各适量，蒜末少许

做法

• 1 将青豆洗净，焯熟。

• 2 向锅内注油烧热，下洋葱、蒜末爆香，加入土豆、胡萝卜、番茄炒匀，倒入蔬菜高汤、青豆、番茄酱、白胡椒粉和盐煮熟后入碗即可。

新手注意 在切洋葱前，把刀在冷水中浸一会儿，再切时就不会流泪。

海鲜汤

材料

虾仁50克，鱿鱼100克，鱼骨高汤150毫升，章鱼、土豆、白萝卜各80克，西芹、红辣椒各20克，莳萝草少许

调料

白胡椒粉3克，葡萄酒20毫升，盐、橄榄油各适量

做法

- 1 材料洗净处理好；起油锅，倒入所有食材拌炒片刻，至全部食材断生。
- 2 将炒好的食材、鱼骨高汤装锅，加葡萄酒，煮至所有材料熟透，调入盐、白胡椒粉拌匀，盛出。

新手注意 烹调时加入少许的姜丝及柠檬，有去腥味的功效。

意式番茄汤

材料

番茄、红彩椒、香芹、白扁豆各50克，高汤500毫升，香菜叶少许

调料

番茄酱30克，砂糖10克，黑胡椒粉5克，盐、橄榄油各适量

做法

- 1 材料洗净处理好，起油锅，下入除白扁豆外的所有蔬菜，加入番茄酱拌炒匀。
- 2 倒入高汤、白扁豆拌匀，煮沸改小火煮30分钟，至白扁豆熟透；加盐、黑胡椒粉、砂糖拌匀，略煮至味道融合；装碗撒上香菜末。

新手注意 番茄过油先炒，更利于番茄的脂溶性营养素的溶解。

罗宋汤

材料

猪肉、火腿、包菜各150克，番茄、土豆各50克，洋葱、西芹各35克，面粉30克，香菜末少许，鸡骨高汤800毫升

调料

番茄酱、细砂糖、盐、食用油各适量

做法

- 1 材料处理好，猪肉汆煮备用；起油锅，下洋葱块、西芹丁炒香，投入面粉，继续炒至香气逸出，加剩下的材料、盐，翻炒后装盘。
- 2 汤锅加鸡骨高汤煮沸，倒入炒好的食材，加调料，中火煮30分钟。

新手注意：应该使用没有经过调味的番茄酱来制作，味道会更自然。

包菜奶酪浓汤

材料

包菜碎200克，洋葱碎、奶酪粉各40克，胡萝卜、黄油各80克，煎好的法式面包块适量，鸡汤600毫升

调料

黑胡椒粉2克，盐适量

做法

- 1 材料处理好；炒锅加黄油烧热，入洋葱碎、包菜碎、鸡汤拌匀，中火熬煮，凉凉，倒入搅拌机中打成浆，再倒入汤锅煮沸，放胡萝卜片煮熟透。
- 2 调入盐、黑胡椒粉、奶酪粉拌匀，盛出，撒上法式面包块即可。

新手注意：若想要汤更加香浓，关火前可加白葡萄酒调味。

薄荷豌豆汤

材料

豌豆粒750克，薄荷叶15克，洋葱50克，鸡骨高汤500毫升

调料

黄油50克，盐、面浆、淡奶油各适量

做法

- 1 洋葱洗净切末；薄荷叶洗净备用。
- 2 炒锅倒入黄油加热，下洋葱末炒香，放入洗净的豌豆粒，倒入鸡骨高汤煮沸后加盐和面浆，煮至汤汁入味。
- 3 将煮好的汤汁倒入搅拌机中搅打成浆，再把搅打好的浆液倒入汤锅中，煮沸改小火熬煮5分钟至浓稠。
- 4 将煮好的洋葱豌豆汤盛入碗中，用淡奶油在上面裱出花的形状，再放上少许薄荷叶装饰即可。

新手注意：在烹煮豌豆的时候要控制时间，若时间过短，含有的皂素毒和植物血凝毒素没有消失，容易造成中毒。

奶酪芦笋浓汤

材料

芦笋200克，洋葱50克，蛋黄20克，鸡骨高汤500毫升

调料

奶油10克，法式面酱、奶酪粉各20克，白胡椒粉、盐各适量

做法

- 1 材料洗净处理好；汤锅倒入鸡骨高汤煮沸后，加法式面酱，用打蛋器搅打成浓汤状；再将蛋黄、奶酪粉、部分奶油混合拌匀，制成蛋黄奶酪酱。
- 2 将奶油放入平底锅内加热，下入洋葱碎、芦笋圈翻炒；倒入汤锅中，加剩余奶油，用小火煮至食材熟透，加盐和白胡椒粉拌匀，略煮片刻至汤汁入味；最后把蛋黄奶酪酱拌入汤内。

新手注意：芦笋一定要尽量选择新鲜的，切去根部较硬的部分，不然做好的汤里会有很多纤维，非常影响口感。

奶油芦笋浓汤

材料

芦笋200克，洋葱50克，蒜白20克，新鲜香芹叶适量，奶油30克，鲜奶60克，鸡骨高汤800毫升

调料

月桂叶2片，盐适量

做法

- 1 蔬菜洗净切好；炒锅置于火上，下入洋葱丝、蒜白、芦笋翻炒至断生，然后盛出，装盘待用。
- 2 另取锅放入奶油加热，放入炒好的洋葱、蒜白、月桂叶，加高汤，熬煮至全部食材软化，倒入搅拌机搅成浆。
- 3 将浆液入汤锅中，加鲜奶和盐，放入断生的芦笋，用大火煮沸后，改小火煮10分钟，至芦笋完全熟透，点缀香芹叶即可。

芦笋中嘌呤的含量很高，食用后容易使尿酸增加，因此有痛风症状的人要少吃，并且不可生吃芦笋。

奶油南瓜浓汤

材料

南瓜250克，黄豆150克，西芹15克，洋葱30克，蔬菜高汤400毫升

调料

奶油20克，法式面酱25克，白胡椒粉5克，盐适量

做法

- 1 材料洗净切好；汤锅置火上，倒入奶油，用小火加热；下入西芹片、洋葱丝炒香，倒入蔬菜高汤煮沸，放入南瓜片煮20分钟，至食材完全熟烂，略凉凉。
- 2 煮好的汤料倒入搅拌器中，加入法式面酱搅打成浆，再将浆液倒回汤锅中加热，放入浸泡过的黄豆，改小火煮至黄豆熟透，加盐和白胡椒粉拌匀，略煮至汤汁浓稠。

此汤可以放入冰箱冷藏再拿出来食用，味道会更好；不喜欢南瓜味的人可以适当多加一点牛奶或者淡奶油。

南瓜忌廉汤

材料

南瓜500克，蔬菜高汤500毫升

调料

淡奶油30克，黑胡椒粉3克，牛奶100毫升，盐适量，香葱20克

做法

- 1 材料洗净切好；南瓜片放烤盘中，往烤盘中加清水后放入烤箱，以180℃的温度烤10分钟；把烤好的南瓜片捣碎成南瓜泥。
- 2 汤锅中加蔬菜高汤，倒入淡奶油煮沸，加牛奶改小火煮10分钟。
- 3 倒入南瓜泥，调入适量的盐，搅拌均匀，续煮5分钟，至汤汁入味。
- 4 将煮好的南瓜忌廉汤盛入碗中，撒入适量的黑胡椒粉，放上香葱段即可。

可以根据个人的口味添加一些蔬菜，如洋葱、西芹等，会让这道汤品的味道更加丰富、多变。

奶油洋菇浓汤

材料

洋菇150克，洋葱50克，西芹25克，蒜白20克，鸡骨高汤800毫升，奶油30克，鲜奶60克

调料

月桂叶2片，盐、橄榄油各适量

做法

- 1 洋菇去根，洗净切厚片；蒜白洗净切片；洋葱去皮切丝；西芹洗净切丝。
- 2 炒锅放奶油，加热溶化；下洋葱丝、西芹丝、蒜白、月桂叶炒香，加入鸡骨高汤，熬煮至全部食材软化。
- 3 取出月桂叶，将汤汁搅打成浆。
- 4 搅打好的浆液入锅，加鲜奶、洋菇片、橄榄油、盐，煮至味道融合。
- 5 将煮好的奶油洋菇浓汤盛入碗中。

在煮这道汤品的过程中要时常用锅勺搅拌，以免汤煳锅，或者直接使用不粘锅来烹饪。

奶油蘑菇汤

材料

洋菇200克，洋葱50克，西芹25克，蒜白25克，鸡骨高汤800毫升，西芹叶少许

调料

奶油30克，奶酪粉25克，鲜奶60克，百里香5克，月桂叶2片，胡椒盐适量

做法

• 1 材料洗净切好；锅倒奶油加热，下洋葱丝、西芹丝、蒜白片、百里香、月桂叶炒香；加一半的洋菇片续炒至熟透，倒入鸡骨高汤，煮至所有材料软化。

• 2 锅里加洋菇片，炒至水干，再加奶油拌炒；汤料中取出月桂叶，倒入搅拌机搅打成浆；将浆继续加热煮沸，加鲜奶、奶酪粉和胡椒盐，略煮；盛入碗，放上炒好的洋菇片，撒入西芹叶。

新手注意

此汤在制作过程中将洋葱与洋菇炒至变色即可倒入鸡骨高汤；奶油的用量可以依据个人口味进行增减。

绿色野菌汤

材料

松茸50克，洋菇40克，白玉菇35克，洋葱50克，蔬菜高汤800毫升，香菜叶少许

调料

淡奶油30克，黑胡椒粉5克，鲜奶60克，橄榄油、蒜、盐各适量

做法

• 1 洋葱去膜洗净切丝；松茸、洋菇、白玉菇洗净均切片；蒜去膜拍碎；香菜叶切碎。

• 2 锅中注油，下蒜、洋葱炒香，放入松茸片、洋菇片、白玉菇片，翻炒至熟。

• 3 下高汤和淡奶油，煮沸后搅成浆。

• 4 将搅好的浆液入锅煮沸，加鲜奶、盐、黑胡椒粉，煮10分钟至汤汁浓稠。

• 5 将汤盛入碗，撒上香菜叶。

新手注意

在制作这道汤品的过程中，加入鲜奶油时应该一边倒一边用锅勺搅拌均匀，煮至汤汁浓稠。

蔬菜奶酪浓汤

材料

西蓝花、花菜各200克，洋葱40克，樱桃萝卜50克，土豆85克，鸡骨高汤800毫升，香菜叶少许

调料

百里香5克，黄油80克，奶酪粉50克，盐适量

做法

• 1 材料洗净切好；起锅，加黄油及除胡萝卜和香菜叶外的所有材料，煮熟。

• 2 萝卜条加盐炒熟；汤入搅拌机搅成浆，加盐、奶酪粉煮沸盛出，放樱桃萝卜、香菜、百里香碎。

新手注意　由于汤中含有土豆，在熬煮过程中要注意防止汤煳锅。

维希奶油浓汤

材料

洋葱50克，西芹丁25克，蒜白20克，鸡骨高汤800毫升

调料

奶油30克，鲜奶60克，月桂叶2片，盐适量

做法

• 1 材料洗净切好，奶油入锅溶化，下洋葱丝、一半西芹、蒜、月桂叶、高汤，煮熟，取出月桂叶，入搅拌机搅成浆，再加鲜奶和盐煮匀调味。

• 2 将汤盛入碗中，剩下西芹丁炒熟，撒入碗中。

新手注意　要注意不要将洋葱炒过了，否则汤的颜色会太深。

法式蜗牛汤

材料

鲜蘑菇3个，洋葱1个，蜗牛肉50克，面粉50克，牛奶200毫升

调料

盐2克，芥末粉少许

做法

• 1 将蜗牛肉、鲜蘑菇、洋葱洗净切碎备用。

• 2 锅中放油烧热，放入蜗牛肉、鲜蘑菇、洋葱一起炒香。

• 3 将锅中加入牛奶、面粉煮5分钟左右，取出装入碗内，用盐拌匀，撒上芥末粉即可。

煮此汤品时要注意火候的大小，食材一定要煮透。

俄式罗宋汤

材料

甜菜200克，牛肉250克，番茄150克，胡萝卜50克，洋葱60克，香草适量

调料

盐3克，红酒40毫升，黄油各少许

做法

• 1 牛肉洗净切块后汆水；番茄、洋葱、胡萝卜洗净切丁；甜菜去皮洗净切块；牛肉入锅，加入红酒，注水煮熟。

• 2 炒锅放入黄油溶化，下洋葱、胡萝卜、番茄，拌炒，加入甜菜和煮好的牛肉及牛肉汤，加盐煮至熟，入碗，放上香草即可。

牛肉不宜切太小块，否则炖煮时易烂。

龙虾汤

材料

小龙虾150克，南瓜、胡萝卜各100克，鲜虾浓汤200毫升，洋葱50克，百里香碎各少许

调料

盐4克，白奶油30克，蒜末、橄榄油各适量

做法

• 1 小龙虾洗净去头，从背部切开，剔去虾线；南瓜、胡萝卜去皮洗净切小块；洋葱去皮洗净，切丝。

• 2 锅注油烧热，下蒜末、洋葱炒香，倒入南瓜、胡萝卜，炒熟，加入白奶油、鲜虾浓汤，煮1小时至汤汁浓稠，再倒入搅拌机，快速搅拌成浆。

• 3 把浆倒入汤锅，加热，倒入小龙虾、盐煮熟入碗，撒上百里香碎即可。

新手注意：在煮龙虾汤之前，一定要把小龙虾清洗干净，还要剔除虾线，否则会影响口感。

海鲜浓汤

材料

新鲜大虾150克，草菇80克，良姜30克，香茅草10克，红辣椒15克，香芹少许

调料

番茄酱10克，鱼露5毫升，椰奶50毫升，柠檬汁15毫升，橄榄油、盐各适量

做法

• 1 大虾洗净剔去虾线，汆水；草菇洗净切开；良姜洗净拍松；香茅草、香芹均洗净，切碎；红辣椒洗净。

• 2 炒锅注油烧热，下大虾，炒至虾身卷起；汤锅注水，放香茅草碎、良姜，煮20分钟，捞出食材渣滓，汤汁留用。

• 3 将汤汁煮沸，放草菇、大虾、红辣椒、番茄酱，加鱼露、柠檬汁、盐、椰奶煮入味，盛出，撒入香芹碎即可。

新手注意：大虾入沸水焯煮时，切记不要太久，稍微煮一会儿就捞起，沥干水分，这样可以保持大虾的鲜嫩。

保加利亚冷汤

材料

黄瓜200克，酸奶300毫升，无盐奶油30克，核桃碎、莳萝草各少许

调料

盐、蒜末、橄榄油各适量

做法

- 1 黄瓜洗净切块，改刀洗净切细条；莳萝草洗净切碎，备用。
- 2 炒锅置于火上，注入适量的橄榄油，用大火烧热，下蒜末爆香，加入黄瓜条，炒出香味，盛出待用；另起锅，注入适量清水，烧开，加入无盐奶油和酸奶，拌匀至汤汁浓稠柔滑，然后加入莳萝草碎和盐，煮10分钟至汤汁入味后，放入冰箱中，冷藏20分钟。
- 3 取出冷汤，放上黄瓜，撒核桃碎即可。

如果喜欢汤水再浓稠一点，可以在汤中放入少许的面粉，会使汤水更黏稠。

西班牙冷菜汤

材料

黄瓜100克，番茄250克，红彩椒、黄彩椒、洋葱各50克，面包碎、香菜叶各少许

调料

黑胡椒粉4克，红酒醋30毫升，盐、橄榄油各适量

做法

- 1 红彩椒、黄彩椒均洗净，去蒂切块；洋葱去皮洗净，切块；番茄、黄瓜均洗净，切丁；面包碎淋上红酒醋，拌匀。
- 2 把洋葱、红黄彩椒、一半的黄瓜和番茄放入搅拌机中，加入泡好的面包碎，倒入橄榄油和黑胡椒粉，搅打成浓汤。
- 3 将搅好的浓汤盛入碗中，加入盐，拌匀，放入冰箱冷藏20分钟后取出，放上剩余的黄瓜和番茄及香菜叶即可。

可以在烹制冷汤的过程中，加入少许的淡奶油，这样口味就更加润滑美味。

地中海冷菜汤

材料

瘦肉200克，黄瓜、红皮萝卜各100克，洋葱15克，方面包2片，鸡骨高汤800毫升

调料

无盐奶油30克，鲜奶60克，盐、橄榄油各适量

做法

- 1 材料洗净切好；方面包撕块泡软，与洋葱丝混匀，加无盐奶油、鸡骨高汤、鲜奶、橄榄油、盐拌稠，冷藏。
- 2 将瘦肉、黄瓜、萝卜、盐入锅炒熟后放入冷汤中。

市售的方面包种类很多，可以根据个人口味选择。

西班牙番茄汤

材料

黄瓜100克，番茄250克，红彩椒、黄彩椒各50克，洋葱20克，方面包2片

调料

黑胡椒粉4克，红酒醋30毫升，盐、橄榄油各适量

做法

- 1 材料切丁洗净，方面包撕块泡软，与材料（一半用量）和调料混匀，入搅拌机搅至浓稠柔滑，冷藏20分钟。
- 2 剩余的红彩椒、黄彩椒、番茄、黄瓜入沸水锅焯熟，放到冷汤中，再淋入橄榄油即可。

选用成熟的番茄来做这道汤，味道会更加浓郁。

俄罗斯冷菜汤

材料

火腿150克，方面包80克，土豆各100克，香芹、洋葱各30克，鸡骨高汤800毫升，新鲜莳萝草少许

调料

鲜奶60克，苹果醋30毫升，盐、橄榄油各适量

做法

- 1 材料洗净切好；方面包撕块泡软，与洋葱丝混匀，加高汤、鲜奶、橄榄油、苹果醋、盐搅稠，冷藏。
- 2 将火腿丁、土豆丁、香芹丁加盐炒熟后和莳萝草入冷汤。

新手注意　莳萝草加热时间过长味道会失去，所以要分两次加入。

俄式冷汤

材料

火腿丁100克，鸡蛋80克，黄瓜丁50克，鸡骨高汤800毫升，迷迭香碎少许

调料

鲜奶60克，盐、橄榄油各适量

做法

- 1 鸡蛋加盐拌匀；油锅下火腿丁、鸡蛋炒匀并捣碎，捞起。
- 2 将高汤、鲜奶、橄榄油、盐放入搅拌机内搅拌浓稠，倒出冷藏20分钟；黄瓜丁焯熟，与炒好的鸡蛋火腿丁一起放入冷汤中，撒入迷迭香碎即可。

新手注意　迷迭香不适合高血压患者食用，如果必要的话可以去掉。

three

第三道菜是副菜

副菜以鱼类菜肴为主。由于鱼类菜肴的肉质鲜嫩，比较容易消化，所以放在肉类菜肴的前面，作为第三道菜。在西餐中，吃鱼类菜肴是有讲究的，会使用专用的调味汁如鞑靼汁、荷兰汁、酒店汁、白奶油汁等，可令人开胃生津。

烧烤金枪鱼

材料

冷冻金枪鱼块600克，红彩椒30克

调料

嫩生姜30克，沙拉用蔬菜（菊苣、综合香料、生菜叶等）100克，盐、黑胡椒、橄榄油各适量

做法

- 1 将冷冻金枪鱼块洗净，放在铁盘中，撒上盐后，将其表面沾满黑胡椒。
- 2 将红彩椒洗净切丝；将嫩生姜洗净切成丝；将洗净的菊苣叶等沙拉用生菜放在碗中，以冰水浸泡。
- 3 在烤盘上先涂上橄榄油后，入金枪鱼块，放入烤箱以170℃烘烤约8分钟。
- 4 取出切片装盘，在金枪鱼片上摆放菊苣、红椒丝、生菜叶，撒综合香料。

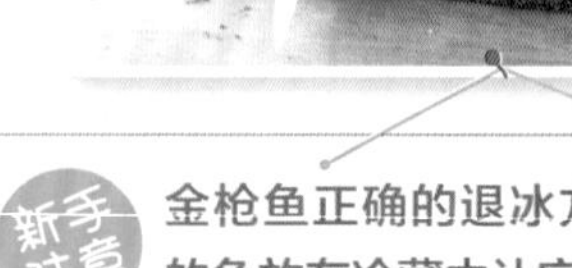

新手注意 金枪鱼正确的退冰方法是要把解冻的鱼放在冷藏中让它自然的解冻。

风沙鳕鱼

材料

鳕鱼250克，面包糠、熟芝麻、肉松各适量

调料

盐2克，生抽8毫升

做法

•1 取出备好的鳕鱼，将鳕鱼的中段取出，用适量的清水洗净，再调入适量的盐，淋入少许生抽，用手将调料抹匀腌渍片刻。

•2 将腌渍好的鳕鱼装入洗净的盘中，再放入预热好的烤箱中，烤15分钟左右至鳕鱼熟透取出。

•3 撒上适量的面包糠、熟芝麻，铺上肉松即可食用。

新手注意 真正品质好的鳕鱼解冻后，摸起来饱满结实，不会析出太多油脂。烹制后，入口即化，肉质较软。

香煎鳕鱼

材料

鳕鱼200克，土豆1个，青柠檬半个，圣女果3个

调料

沙拉酱10克，盐3克，香蒜粉、白酒、橄榄油、奶油各适量

做法

•1 土豆洗净，煮熟；圣女果洗净。

•2 煮好的土豆入烤箱，以160℃烤约15分钟；鳕鱼洗净去皮，撒上香蒜粉。

•3 煎锅倒入橄榄油，烧至五成热，放入鳕鱼，略煎片刻，加入奶油，继续煎至鳕鱼的双面表皮成金黄色。

•4 煎好的鳕鱼加白酒、盐，略煎。

•5 将煎好的鳕鱼入盘，摆入其他食材，挤上沙拉酱。

新手注意 鳕鱼洗净后要擦干水分，在煎制的时候，一定要先煎好一面后再煎另一面，否则容易粘锅。

三文鱼奶酪

材料

三文鱼150克，面包片50克，生菜30克，洋葱适量

调料

奶油、奶酪各10克，黄油、盐、柠檬汁各适量

做法

• 1 将生菜用清水洗干净；洋葱用清水洗净，切成圈；三文鱼洗净，切成片，用盐和柠檬汁腌渍。

• 2 将处理好的生菜、面包片和洋葱摆入洗净的盘中；黄油、奶油、奶酪入锅加热，烧制成酱汁。

• 3 将腌渍过的三文鱼片装盘，淋上酱汁即可。

新手注意 生食三文鱼口感非常鲜美，可以根据自己的口味搭配不同的酱汁，能够呈现出不同的风味。

煎冰岛三文鱼

材料

三文鱼100克，熟米饭60克，炸土豆片、芦笋、面包糠、海苔末各适量

调料

盐2克，姜、葱、黑椒粉、红辣椒粉、白葡萄酒各适量

做法

• 1 姜、葱均洗净，切末；芦笋洗净，焯熟；三文鱼洗净后用姜、葱末、盐、黑椒粉、红辣椒粉和白葡萄酒腌渍10分钟左右。

• 2 起油锅，下入腌过的三文鱼，大火煎3分钟后改小火煎，撒入面包糠拌匀煎熟，摆盘。

• 3 将熟米饭和海苔末拌匀做成饭团，同炸土豆片、芦笋摆盘即可。

新手注意 煎制三文鱼时宜先煎制带皮的一面，这样煎制出的三文鱼鱼肉不会裂开，形状美观。

洋葱三文鱼排

材料

三文鱼150克，洋葱35克，红椒、芦笋、豆芽、柠檬各适量

调料

盐2克，黑胡椒5克，米酒10毫升

做法

• 1 豆芽、芦笋均洗净，入开水锅焯烫；洋葱洗净，切丝；柠檬洗净，切片；红椒洗净，切末。

• 2 三文鱼洗净，用盐、黑胡椒、洋葱丝、米酒腌渍20分钟，让鱼肉入味。

• 3 将备好的材料依次装盘；三文鱼放入180℃烤箱中烤20分钟后取出摆盘，撒上黑胡椒即可。

三文鱼腌渍的时间可根据个人的口味调整，但是腌渍的时间最好不要超过30分钟，不然口味可能过重。

油炸三文鱼

材料

三文鱼300克，芹菜、洋葱、面粉、蛋液、面包粉各适量

调料

盐、蛋黄酱各少许

做法

• 1 三文鱼收拾洗净，切成块，剥去皮，去掉鱼刺，再改成薄片，用盐腌渍入味，再涂抹上面粉；芹菜用清水洗净切段；洋葱洗净切丝。

• 2 将三文鱼铺平，放上芹菜、洋葱卷成鱼卷；将蛋液、蛋黄酱、面包粉拌匀，裹在鱼卷上。

• 3 油锅烧热，放入鱼卷，将鱼卷炸至金黄，装入盘中，即可食用。

三文鱼一定要用大火快炸，不能炸太久，否则三文鱼熟了就失去了原有的鲜美了。

橘子烤三文鱼

材料

三文鱼200克，橘子50克，甜椒50克，洋葱丝10克，迷迭香碎适量

调料

橄榄油10毫升，盐4克，白胡椒粉、黑胡椒粉各5克

做法

• 1 材料洗净；三文鱼洗净切块；橘子去皮，取果肉；甜椒洗净切圈；洋葱洗净切丝。

• 2 三文鱼加盐和黑、白胡椒粉腌渍后入烤盘，刷橄榄油，撒迷迭香碎，以200℃烤5分钟取出，铺上橘子、甜椒、洋葱丝、西芹。

新手注意 烤箱在使用前一定要提前预热，否则会影响食材口感。

柠檬煎三文鱼

材料

三文鱼肉250克，柠檬50克，白芝麻20克，罗勒叶、百里香各少许

调料

橄榄油20毫升，盐5克，黑胡椒粉8克

做法

• 1 将柠檬洗净切成小瓣；罗勒叶洗净切碎；百里香洗净。

• 2 三文鱼加盐、黑胡椒粉，腌渍。

• 3 锅中倒入橄榄油，烧热，放入腌渍好的三文鱼，煎黄，取出。

• 4 挤入柠檬汁，撒上罗勒叶、白芝麻、百里香即可。

新手注意 三文鱼块的大小可以根据自己的喜好选择。

香烤三文鱼排

材料

三文鱼块300克

调料

罗勒粉5克，烧盐、黑胡椒盐各3克，橄榄油适量；猕猴桃酱汁：黄金猕猴桃150克，绿色猕猴桃100克，洋葱末、巴萨米可香醋、烧盐、橄榄油各适量

做法

• 1 三文鱼加罗勒粉、烧盐和黑胡椒盐，拌匀腌渍。

• 2 猕猴桃洗净去皮，切粒；调制猕猴桃酱汁并拌匀冷藏；将三文鱼涂橄榄油烤熟，淋上酱汁即可。

新手注意 **三文鱼烤制的时间不宜过长，否则肉质会变老。**

炒三文鱼土豆

材料

三文鱼肉200克，土豆100克，荷兰豆50克，柠檬汁5毫升，圣女果50克，香草末少许

调料

盐3克，黑胡椒粉、蒜末各适量，橄榄油10毫升

做法

• 1 土豆去皮洗净，切块；圣女果洗净，对半切开；荷兰豆洗净。

• 2 将荷兰豆焯熟；炒锅注油，下蒜末爆香，将三文鱼煎至金黄，放土豆块、荷兰豆与圣女果炒匀，加柠檬汁、盐、香草末、黑胡椒粉炒熟即可。

新手注意 **三文鱼肉切成小块腌渍后，味道会更好。**

香烤三文鱼串

材料

三文鱼2片（约150克），捣碎罗勒5克，莫札瑞拉奶酪100克，竹签少许

调料

烧盐（烘焙过的精盐）3克，胡椒粉5克，葡萄籽油10克

做法

- 1 三文鱼用清水洗干净，切成大小均匀的方块状后，撒上适量的烧盐、胡椒粉腌渍。
- 2 向锅中倒入葡萄籽油，然后将步骤1的三文鱼放入热锅内煎烤。
- 3 将三文鱼煎烤完成时撒上罗勒粉调味。
- 4 将莫札瑞拉奶酪切成三文鱼块相同大小，再用竹签将三文鱼和奶酪串起。

新手注意 在煎烤好的三文鱼上撒上少许罗勒粉，可以让三文鱼的味道更加香浓，非常适合搭配爽口的红酒；若是没有罗勒叶，可以根据个人的喜好，选择使用其他的香料进行调味。

金枪鱼球

材料

金枪鱼罐头1罐，洋葱末10克，胡萝卜泥100克，芹菜泥100克，红薯粉20克，面粉20克

调料

烧盐、胡椒粉各3克，橄榄油、冰开水各适量

做法

- 1 将金枪鱼放入滤网中，沥干油分。
- 2 将洋葱末、胡萝卜泥和芹菜泥依序放入热锅中烹煮。
- 3 将金枪鱼和蔬菜撒上烧盐、胡椒粉拌匀后，再倒入红薯粉、面粉和少许冰开水后再搅拌均匀。
- 4 将金枪鱼等食材捏成球状，往锅中倒入橄榄油以160℃煎烤约10分钟。

新手注意 红薯粉、面粉要分次倒入，且一边搅拌一边倒入，避免红薯粉、面粉搅拌不匀，结成块，影响三文鱼球的口感。洋葱所含的香辣味会刺激眼睛，患有眼疾者忌食。

辣炒蔬菜金

材料

金枪鱼（冷冻生鱼片）250克，洋葱80克，油菜30克，红辣椒20克，青辣椒20克，豆芽50克

调料

烧盐（烘焙过的精盐）、橄榄油、酱油各3毫升

做法

- 1 将金枪鱼自然解冻后切块，淋上酱油等佐料后腌渍20分钟。
- 2 洋葱用清水洗净，切成丝；油菜洗净剥开；红辣椒和青辣椒洗净切片；豆芽洗净后，放在调理碗中。
- 3 热锅注入橄榄油，加洋葱和豆芽煎炒，再放入油菜、红辣椒和青辣椒，再撒上少许烧盐。
- 4 放入金枪鱼块，煎炒至熟后将所有食材放在盘子上。

在选购金枪鱼时，要选择能保持鱼种固有的色泽，鱼体表面有油感，肌肉组织纤维清晰，有弹性，无脂肪氧化、成片血点、异味、外来杂质和骨刺的鱼，这样的鱼相对新鲜。

烤奶酪鲭鱼

材料

鲭鱼250克，洋葱60克，奶酪块30克，鱼骨高汤、青椒各适量

调料

盐2克，蒜5克，番茄酱、胡椒粉各适量

做法

- 1 鲭鱼洗净，切成四块，用盐、胡椒粉拌匀，腌渍15分钟。
- 2 洋葱、蒜均洗净，切末，入锅炒片刻后，再放入番茄酱稍翻炒，倒入鱼骨高汤、盐、胡椒粉，拌匀，制成酱汁。
- 3 青椒去籽，洗净切圈；奶酪块切末，备用；将腌好的鲭鱼入锅煎至两面金黄。
- 4 把酱汁涂抹在鲭鱼上，并放上青椒圈和奶酪末，以180℃烤至奶酪溶化，熟后取出即可。

新手注意 在腌制鲭鱼的时候可以适当的加一点辣椒粉或者姜末，味道会更好，还能去除鱼本身的腥味；在烤制鲭鱼时，尽量将鲭鱼烤至七八成熟，因为七八成熟的鲭鱼口感是最好的。

煎鲭鱼片

材料

鳕鱼肉150克，土豆仔200克，圣女果50克，莳萝草适量，柠檬汁10毫升

调料

橄榄油、盐、胡椒粉、黑胡椒粒各适量，千岛酱15克

做法

- 1 土豆仔洗净煮熟切开；鳕鱼肉洗净加盐、柠檬汁、胡椒粉、橄榄油腌渍。
- 2 锅注油烧热，下入鳕鱼肉，煎至两面金黄色，装盘，放上土豆仔、圣女果，周边淋上千岛酱，放上莳萝草、黑胡椒粒装饰即可。

新手注意 鲭鱼要吃新鲜的，食用不新鲜的鲭鱼会引起食物中毒。

番茄鲭鱼

材料

鲭鱼肉200克，番茄100克，无核黑橄榄100克，香芹叶碎40克

调料

橄榄油、盐、黑胡椒粉、蒜末各适量

做法

- 1 番茄、一部分黑橄榄洗净，均切块；鲭鱼肉入碗加盐、黑胡椒粉、橄榄油腌渍。
- 2 锅注油烧热，下蒜末爆香，放入番茄、黑橄榄块，加入黑胡椒粉、盐，炒匀；鲭鱼肉入锅隔水蒸熟后入盘，倒上炒好的番茄、黑橄榄块，放上香芹叶碎和余下的黑橄榄。

新手注意 新鲜鲭鱼的眼睛明亮，当眼睛灰浊时则表示该鱼不新鲜了。

银杏鳆鱼

材料

鳆鱼3条，银杏适量

调料

盐、酱油、胡椒粉、香油、蒜蓉各适量

做法

- 1 鳆鱼收拾干净，打上花刀，用盐、酱油抓匀，放入碗中，再撒上胡椒粉、蒜蓉腌渍片刻；银杏洗净，入水浸泡，再放入开水锅中焯烫，熟后捞起。
- 2 平底锅洗净，倒上适量的油，下入鳆鱼，用小火慢慢煎熟，再摆放于盘中。
- 3 取银杏放在鳆鱼上，淋上香油即可。

新手注意 烹制鳆鱼前，在鳆鱼肉两面拍打，可使肉质柔嫩。

烤鲈鱼

材料

鲈鱼肉150克，芦笋100克，胡萝卜片100克，苋菜叶适量，土豆100克

调料

橄榄油10毫升，盐3克，柠檬汁5毫升

做法

- 1 将胡萝卜片、洗净的切块的土豆装碗，隔水蒸熟，用勺子压成泥。
- 2 向烧热的锅中注入油，烧热，下入洗净的芦笋，炸至金黄色，捞出。
- 3 鱼肉加盐、柠檬汁和橄榄油腌渍后以180℃烤4分钟，装盘，摆入蔬菜泥、芦笋、苋菜叶。

新手注意 烤制鲈鱼肉的时间要根据鲈鱼肉量的大小来决定。

香煎鲽鱼

材料

冷冻鲽鱼2条

调料

奶油10克，香蒜粉5克，白酒、烧盐（烘焙过的精盐）各适量

做法

• 1 将冷冻鲽鱼自然解冻后，先用适量的清水洗干净，再在鲽鱼上浮切4斜刀。

• 2 往鲽鱼上均匀撒上香蒜粉。

• 3 锅内放入适量的奶油，用大火加热至适当温度后，将处理好的鲽鱼煎到双面表皮呈金黄色为止。

• 4 将白酒倒在煎好的鲽鱼上，加热后再撒上烧盐，香煎鲽鱼就制作完成了。

新手注意 将奶油放入平底锅内煎鲽鱼，除了比用一般食用油的味道更香浓外，也可让鲽鱼的肉质更鲜美。如果在鲽鱼上淋上白酒再煎烤，能够让鲽鱼的肉质更加柔嫩，是适合搭配白酒的菜肴。

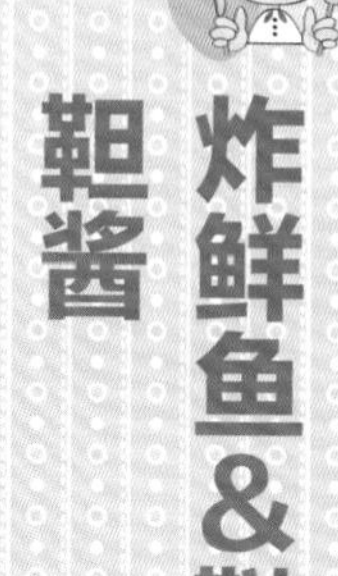

炸鲜鱼&鞑靼酱

材料

鲽鱼200克，竹签8根

调料

烧盐（烘焙过的精盐）、白胡椒粉各3克，清酒、油炸粉、蛋白、葡萄籽油、菠萝鞑靼酱各适量

做法

• 1 将鱼肉用水洗净后，切成厚度与手指相同大小的鱼片。

• 2 将步骤1的鱼肉放入洗净的盘子中。

• 3 撒上少许的烧盐、白胡椒粉和清酒调味。

• 4 再沾上适量的蛋白和油炸粉，裹匀，并用竹签串起，再放入油锅内，用中火炸至金黄色，捞出，沥干油；最后将串炸鲜鱼和菠萝鞑靼酱摆放在盘子上。

新手注意 在制作此菜品前，要将鱼肉腌渍入味，去除鱼肉本身的腥味；在炸制时，油温一定要够高，否则鱼肉容易散开，不易炸成型，所以在油沸后再将鱼肉下锅，直炸到外层深黄色发酥为止。

香烤鲣鱼

材料

鲣鱼1条，柠檬半个，萝卜叶50克，姜丝适量

调料

盐3克，橄榄油10毫升，柠檬汁15毫升，料酒10毫升，生抽10毫升

做法

• 1 将鲣鱼去鳞、内脏，洗净，加盐、姜丝，淋上料酒、生抽、柠檬汁、橄榄油，抹匀，腌渍30分钟；萝卜叶洗净。

• 2 将鲣鱼放到烤架上，用小火烤至两面呈金黄色；萝卜叶垫盘底，放上烤好的鲣鱼、柠檬。

将鲣鱼肉用柠檬汁和橄榄油腌渍，可去除鱼的腥味。

油炸鱼饼

材料

草鱼肉300克，鸡蛋1个，青、红彩椒各30克，紫色生菜适量

调料

盐少许，鸡粉5克，料酒5毫升，生粉10克

做法

• 1 青、红彩椒洗净，切丝；鸡蛋打散；生粉加水调成浆；鱼肉剁蓉，掺入青彩椒丝，加浆、盐、鸡粉、料酒制成鱼饼。

• 2 油锅烧热，将鱼饼放入油锅中炸呈淡黄色，捞起装盘，放上紫色生菜与红椒丝装饰即可。

炸鱼饼要掌握好油温，鱼蓉不能过早下锅，否则不易凝固。

煎鱼片

材料

草鱼片100克，带皮土豆50克，去皮土豆200克，松子、芝麻菜各适量

调料

盐、白胡椒粉、葱段、食用油各适量，橄榄油5毫升，柠檬汁10毫升

做法

•1 带皮土豆洗净，切两半，撒上盐与白胡椒粉，入170℃烤箱烤熟，装盘。

•2 将去皮土豆切条，加盐和白胡椒腌渍后，入锅炸黄，装盘；草鱼加盐、白胡椒粉、柠檬汁腌渍，煎黄装盘，撒松子、葱段、芝麻菜。

煎鱼片时火力不要太猛，火力适中可以保持鱼肉的水分。

清蒸鱼片

材料

鳕鱼肉片200克，香芹50克，带皮土豆仔100克

调料

盐、白胡椒粉各适量

做法

•1 带皮土豆仔洗净；香芹洗净切末；鳕鱼肉洗净装碗，加盐、白胡椒粉腌渍。

•2 将鱼片平放在盘中，放入蒸锅中，隔水蒸5分钟；向锅内注水烧开，放土豆仔、盐焯熟，捞出去皮，再入油锅炸至金黄色；将蒸好的鱼片和土豆仔装入盘中，撒上香芹叶即可。

土豆仔用沸水焯煮一下，容易去皮。

烤黄花鱼

材料

黄花鱼450克，青菜叶、芹菜各适量

调料

盐3克，白兰地、橄榄油各适量

做法

- 1 黄花鱼收拾干净，用适量的盐和白兰地腌渍入味。
- 2 往烧烤架上涂上适量的橄榄油，用火烧灼，备用。
- 3 青菜叶用清水洗净，摆入盘中。
- 4 芹菜叶用适量的清水洗净入沸水锅中焯熟。
- 5 把腌好的黄花鱼放在烧热的烧烤架上，烤熟后装入备好的盘中，摆上芹菜叶即可食用。

烤制鱼肉的过程，会有汁水流出，烤架下面需要铺锡纸；可使用金属签将黄花鱼串起烤制，方便拿取。

油炸竹荚鱼

材料

竹荚鱼300克，包菜100克，柠檬15克，圣女果30克，西蓝花15克，鸡蛋1个，面粉40克，面包糠50克

调料

橄榄油20毫升，盐3克，黑胡椒粉10克

做法

- 1 竹荚鱼去内脏、去头，洗净，抹盐和黑胡椒粉腌渍30分钟；圣女果洗净。
- 2 将鸡蛋打在碗中，拌匀待用；包菜洗净，切成细丝；西蓝花洗净焯煮。
- 3 将腌渍好的竹荚鱼沾上面粉，再沾上鸡蛋液，最后裹上面包糠。
- 4 油锅烧热，放入竹荚鱼，炸黄。
- 5 把包菜丝装入盘中，摆上竹荚鱼，放上柠檬、圣女果、西蓝花即可。

在制作这道菜时，竹荚鱼也可以不用鸡蛋、面粉和面包糠包裹，直接将竹荚鱼油炸，口感也相当不错。

香烤串虾

材料

鲜虾300克，竹签适量

调料

橄榄油适量，盐5克，烧烤酱适量，香葱、蒜各10克，五香粉适量

做法

• 1 将鲜虾剔除虾线，洗净，在虾背上切一刀，去除虾头和虾须，即成开边虾。

• 2 香葱洗净切葱花；蒜去皮洗净切蓉。

• 3 将葱花和蒜蓉放入碗中，加入盐、五香粉、烧烤酱，搅拌均匀，制成腌汁。

• 4 将开边虾放入腌汁中腌渍10分钟。（注意，要使虾全部浸入其中。）

• 5 将腌渍好的开边虾用竹签串成串，刷上橄榄油和盐，用锡箔纸包好，放入预热200℃的烤箱中烤5分钟即可。

可以在腌渍虾肉时加入白葡萄酒，因为白葡萄酒口感清爽，酸度高，会让虾肉的味道变得更加鲜美。

柠檬鲜虾

材料

鲜虾300克，柠檬50克，香菜叶适量

调料

柠檬汁10毫升，蜂蜜15克，盐3克，黄油5克，白葡萄酒10毫升，蒜蓉适量

做法

• 1 鲜虾去头、虾线，洗净装碗，加入黄油、柠檬汁、盐、蜂蜜、白葡萄酒，拌匀，腌渍30分钟；香菜叶洗净切末。

• 2 将烤箱温度调成上下火180℃，预热5分钟，把腌渍好的虾放入烤盘，入烤箱烤3分钟后取出，再将切好的柠檬放入烤箱中，和虾一起烤2分钟取出。

• 3 将烤好的虾装入盘中，撒上适量香菜末，放上柠檬装饰即可。

柠檬不但可以除去虾的腥味，还能够让虾的味道更佳，并且柠檬有开胃的功效，能够促进食欲。

串烤鲜虾

材料

鲜虾250克，竹签10根

调料

红薯粉20克，烧盐（烘焙过的精盐）3克，捣碎的罗勒、葡萄籽油、清酒各适量

做法

• 1 将鲜虾收拾干净，在盐水中浸泡片刻，再将鲜虾捞起，并将水分充分沥干。

• 2 将鲜虾放在备好的盘子中，撒上清酒和烧盐调味。

• 3 用洗净的竹签将鲜虾串起来，沾上红薯粉；锅中注入葡萄籽油，烧热至160℃放入鲜虾油炸。

• 4 将炸好的串烤鲜虾捞出，放入盘中，再撒上捣碎的罗勒。

新手注意

在油炸鲜虾的时候，一定要将虾尾部的水分去除干净，因为这样才可以将鲜虾完全炸熟；在制作过程中也可以用金属签代替竹签，因为用金属签能够使鲜虾受热更加均匀。

虾仁香菇烤串

材料

虾200克，香菇2朵，竹签适量

调料

盐、辣椒油、辣椒粉、蒜末、橄榄油、葱段各适量

做法

- 1 取适量的清水，放入少许盐，调成盐水；将虾用盐水擦洗，剥去外壳，挑出虾线；香菇洗净，切大块。
- 2 锅置火上，烧热，放入所有调味料，调成味汁，盛入备好的碗中。
- 3 将虾、香菇放入碗中腌渍片刻。
- 4 用竹签将虾、香菇串起来，放在铺有锡纸的烤架上，一边烤一边用刷子刷上味汁，至熟即可食用。

如果在烤好的虾仁香菇烤串上撒上罗勒再食用，味道会更加香浓，也可以根据个人口味撒上其他香料；做烤虾之前一定要事先将虾腌渍，并且调味料要一次放够，虾才能入味。

番茄罗勒烩虾

材料

虾200克，番茄200克，土豆200克，洋葱50克，罗勒叶适量

调料

橄榄油10毫升，盐3克，胡椒粉3克，柠檬汁5毫升，蒜末适量

做法

•1 虾去壳、头，留尾，挑去虾线，煮熟；番茄去皮切块；洋葱洗净切块；部分罗勒切碎；土豆去皮洗净切波浪块并煮熟。

•2 油锅爆香蒜末，下番茄块、洋葱、盐、胡椒粉、柠檬汁、罗勒碎炒熟。

•3 盘中放上圆形的模具，装入番茄洋葱。

•4 在上面放上煮好的土豆块，放上虾摆好，最后放上罗勒叶装饰即可。

新手注意

如果用的是冷冻虾，烹煮时间应相应增加2～3分钟。此外，如果选择的是活虾，要注意去除虾线。

美味龙虾

材料

龙虾300克

调料

盐5克，胡椒粉少许

做法

•1 将龙虾洗净后，用剪刀剪开（剪开的方法是由龙虾尾边处往头剪，只剪外壳部分，上下分别剪开，再用刀切开，将龙虾肉与壳完全分开为止即成）。

•2 取1张铝箔做成凹槽，放入处理干净的龙虾，再撒上适量盐。

•3 将龙虾放入点燃的炭烤架上，以炭火慢慢烤熟。

•4 取下烤熟的龙虾，放入盘中，再撒上少许胡椒粉即可。

新手注意

这道菜适合配白葡萄酒食用，白葡萄酒会让人的味蕾更易品尝到海鲜的鲜美味道。

紫苏烤小血贝

材料

扇贝6个，紫苏10克

调料

酱油5毫升，橄榄油8毫升，蒜蓉、盐各3克，白胡椒粉各适量

做法

• 1 用刀将扇贝撬开，把扇贝里面的肉与贝壳分离开，并把扇贝肉放入清水中，取出内脏。

• 2 依次将贝壳放入盘中，把扇贝肉放在贝壳上面；将紫苏切末，装入碗中。

• 3 在扇贝肉上撒入适量的盐、白胡椒粉，依次放上蒜蓉、紫苏末，淋入酱油和适量的橄榄油，放到烤架上，用中火烤熟，取出装盘即可。

取出的扇贝肉一定用清水冲洗干净，还有去掉里面的内脏，否则会影响口感。

蛤蜊扒丝瓜

材料

蛤蜊250，丝瓜200克，红椒少许

调料

盐、白醋、清酒、葱、蒜各适量

做法

• 1 蛤蜊收拾干净，用清酒腌渍；丝瓜削皮，洗净切片；红椒洗净，斜切片；葱洗净切段；蒜去皮，洗净后拍碎。

• 2 锅中注入油烧热，爆香蒜和葱段，加入适量水，放入丝瓜略翻炒，放入蛤蜊，盖上锅盖大火焖煮约3分钟，待蛤蜊、丝瓜熟透，转小火炖煮5分钟，下入葱、红椒略微拌炒。

• 3 放入适量的盐、白醋炒匀调味，盛盘即可食用。

提前将切好的丝瓜浸泡在盐水中，或者最后在菜肴快煮好时加盐，这种方法都可以避免丝瓜变黑。

焗烤蔬菜孔雀蛤

材料

孔雀蛤400克，黄色甜椒、绿色甜椒、红色甜椒各50克，切达奶酪1片

调料

香菜粉8克，酸甜酱汁20克

做法

- 1 将孔雀蛤放入适量的盐水中，在室温中浸泡片刻，略冲洗再将水分沥干。
- 2 将3色甜椒洗净，切成末，再将切达奶酪片也切成相同的大小。
- 3 将孔雀蛤放入烤盘，再淋上适量的酸甜酱汁，再加入切好的甜椒和切达奶酪，将其搅拌均匀。
- 4 将调好味的孔雀蛤放入烤箱中，以150℃烘烤约8分钟，撒上香菜粉即可。

新手注意 口味香浓、颜色鲜艳的孔雀蛤以3种色彩的甜椒来装饰，淋上酸甜酱汁，再加入切达奶酪烤后就变成了一道色香味俱全的料理。这样的菜品搭配口感较涩的酒，或是略带甜味的酒都相当合适。

蒜香牡蛎

材料

生牡蛎200克，红薯粉15克，面粉10克，鸡蛋2个

调料

捣碎的蒜10克，面包粉10克，香菜粉5克，烧盐（烘焙过的精盐）3克，清酒、胡椒粉、葡萄子油各适量

做法

• 1 将生牡蛎放入滤网中，用水清洗后充分沥干。

• 2 将步骤1中的牡蛎放入盘中，然后倒入烧盐、清酒和胡椒粉腌渍。

• 3 将处理好的牡蛎沾满由红薯粉、面粉和蛋黄所搅拌出的面衣。

• 4 将蒜、面包粉、香菜粉混合成油炸粉，将牡蛎再裹满油炸粉，入油锅炸熟即可。

新手注意 牡蛎自身会带有一定的腥味，如果想要去除这种腥味，可以在腌渍牡蛎时添加适量的碎蒜，再将牡蛎沾上面粉油炸后，就可以将牡蛎的腥味去除，而且可以使牡蛎肉更加鲜美。

four

第四道菜是主菜

主菜以肉类菜肴为主。在西餐厅里，最令人食指大动的，莫过于第四道菜——主菜。它多取材自肉类，最常见的有牛排、牛肉、猪扒、猪肉、羊排等，配着厨师们精心烹调出来的调味汁，无一不令人在满足之余，留下深刻的印象。

烧烤肋排&洋葱莎莎酱

材料

肋排（猪肉肋排）400克

调料

蚝油酱、红酒、蜂蜜、洋葱莎莎酱、帕马拉奶酪粉、青葱条、蒜各适量

做法

•1 蒜、青葱条分别洗净；将猪肉肋排洗净，放入装有青葱、蒜和少许烧盐的水锅内，稍煮一会儿，除去血水。

•2 将煮好的肋排捞起，放在盘子上，淋上适量的蚝油酱和少许红酒，放置20分钟左右。

•3 将肋排涂上蜂蜜再撒上帕马拉奶酪粉后，入烤箱以190℃烘烤约20分钟。

•4 将准备好的洋葱莎莎酱与烧烤肋排一起放在盘子上。

新手注意

可以在烤盘上先铺上锡纸再放入肋排，这样能防止食物粘烤盘。

法式蓝带猪扒

材料

猪里脊肉150克，火腿3片，奶酪片3片，鸡蛋1个，面粉、面包糠各适量

调料

盐3克，胡椒粉少许，牛至粉1/4茶匙

做法

• 1 鸡蛋打散；里脊肉洗净切成6片，撒上盐、胡椒粉、牛至粉拌匀调味。

• 2 取一片肉，放火腿、奶酪片，盖另一片肉，裹上面粉、蛋液、面包糠。

• 3 锅注油烧热，放入处理好的猪扒，炸至两面金黄，捞出摆盘，旁边用蔬菜装饰。

新手注意 在猪排上淋上适量的沙拉酱和柠檬汁，口味会更佳。

蔬菜烤里脊

材料

里脊肉片150克，香肠片80克，小土豆块150克，圣女果140克，蒜头50克，干迷迭香碎适量

调料

橄榄油20毫升，盐、胡椒粉各适量

做法

• 1 将蒜头横向对半切，取靠近底部的一半。

• 2 里脊肉加橄榄油、盐、胡椒粉，腌渍；土豆加橄榄油、盐、胡椒粉拌匀。

• 3 所有材料入烤盘，烤20分钟至熟，撒迷迭香碎即可。

新手注意 腌肉片的时候，往调料中挤入一些梨汁，肉片的口感会更好。

苹果泥烤猪排

材料

猪肉（里脊肉）400克，苹果1个，黄豆芽菜50克

调料

香蒜粉5克，红薯粉10克，烧盐、白胡椒粉各3克，橄榄油、巴萨米可香醋、蜂蜜、酱油各适量

做法

- 1 苹果洗净去皮切块，加橄榄油、巴萨米可香醋、蜂蜜和酱油拌匀，压成泥。
- 2 猪里脊肉洗净切片，用肉槌敲打，加除橄榄油外的所有调料，拌匀。入烤箱中，以180℃烤熟后，取出装盘即可。

新手注意 在猪排的调味上加一些迷迭香和百里香，味道会更好。

咖喱肉片

材料

猪瘦肉400克

调料

盐3克，咖喱粉15克，生抽、橄榄油、白兰地各10毫升

做法

- 1 将洗净的猪瘦肉切成厚片。
- 2 猪肉加盐、生抽、白兰地拌匀。
- 3 倒入适量的橄榄油抹匀，加入咖喱粉拌匀腌渍1个小时。
- 4 将煎锅烧热注入橄榄油，放入肉片，煎至金黄；将煎好的咖喱肉片装碗即可。

新手注意 猪肉腌渍的时间要久一点，否则可能出现调味不匀的情况。

瑞士肉圆

材料

猪肉馅500克，土豆泥、黄瓜片各150克，鸡蛋2个，樱桃萝卜片适量

调料

牛奶250毫升，果醋、黄油、盐、蒜末、黑胡椒碎各少许

做法

•1 将樱桃萝卜、黄瓜入碗加盐、果醋和黑胡椒碎腌渍。

•2 炒锅放入黄油烧热，下蒜末炒香，入碗，加猪肉馅、鸡蛋、牛奶、土豆泥、盐，拌匀，制成丸子，放入烤箱烤25分钟，取出，佐以黄瓜和樱桃萝卜食用即可。

在烤制肉丸时，不宜烤太久，以免肉丸烤干，影响口感。

夏威夷火腿扒

材料

火腿1块，菠萝1片

调料

番茄汁30克，橙汁10克，橄榄油适量

做法

•1 火腿切成方块备用；菠萝在盐水中浸一会儿。

•2 锅中放入适量的橄榄油，大火烧热，放入切好的火腿，将火腿煎至两面成金黄色。

•3 将火腿扒摆入盘中，淋入适量的番茄汁和橙汁，再在火腿旁边摆上菠萝片即可。

火腿和菠萝本身可直接食用，所以煎热即可，不用煎过久。

薄片火腿甜椒卷

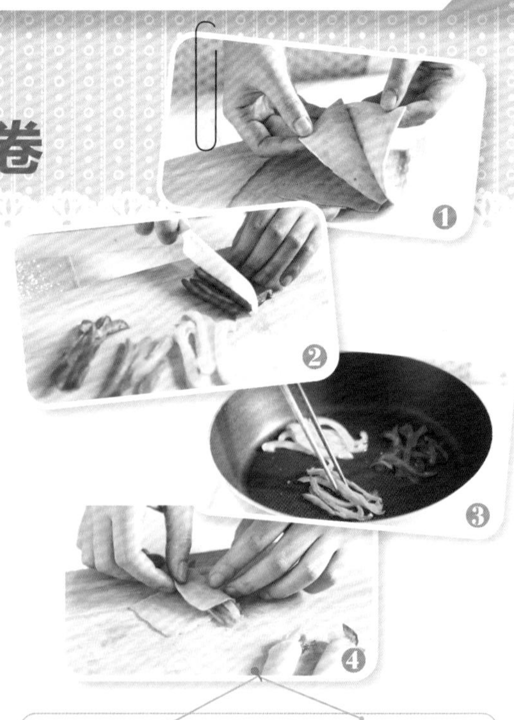

材料

薄片火腿200克，黄色甜椒30克，红色甜椒30克，橙色甜椒30克

调料

葡萄籽油10克，烧盐（烘焙过的精盐）3克

做法

• 1 将原本粘在一起的薄片火腿撕开，备用。

• 2 将3种色彩的甜椒分别洗净，切成相同大小的细丝状 。

• 3 向锅中注入适量的葡萄籽油烧热，将甜椒各自放在一个区域内烹煮，加入烧盐调味。

• 4 将薄片火腿包入各色彩的甜椒，卷成薄片火腿甜椒卷。

新手注意 三种色彩的甜椒要尽量切成大小均匀的细丝，便于薄片火腿将其卷起。

意大利香肠炒蘑菇

材料

手工香肠250克，蘑菇150克，豆芽30克，鸡蛋3个

调料

烧盐（烘焙过的精盐）、白胡椒粉各3克，蚝油、葡萄籽油各适量

做法

- 1 将手工香肠切成小圆形的薄片；鸡蛋只取蛋黄，加烧盐、白胡椒粉拌匀。
- 2 将蘑菇洗净后，细切成与手工香肠相同大小的薄片。
- 3 将处理好的蛋黄煎烤成约6厘米大小的圆形蛋皮。
- 4 起油锅，入香肠、蘑菇，加蚝油、烧盐炒熟，盛起后与豆芽一起放入蛋皮，对折即可。

新手注意

磨菇中含不饱和脂肪酸，还含有大量的可转变为维生素D的麦角甾醇和菌甾醇，对于增强抵抗力有良好效果。与高蛋白的肉类相搭配后，便成为了一道营养价值极高而又美味的菜肴了。

德式香肠

材料

德式香肠200克，洋葱50克，香芹叶10克

调料

橄榄油10毫升，黄油10克，胡椒粉2克，蒜末适量

做法

- 1 将德式香肠切成厚薄均匀的块状；洋葱洗净切成丝状；香芹叶洗净切碎。
- 2 煎锅注入橄榄油，再放入黄油，加热溶化，下蒜末爆香，放入香肠炒匀，加入洋葱丝炒熟，加入胡椒粉，再放入香芹碎翻炒片刻，盛出装盘，在上面撒上适量的香芹碎即可。

新手注意 因为香肠本身具有油脂，所以不需要下许多油进行煎制。

西班牙香肠

材料

西班牙香肠片200克，土豆块400克，青椒块100克，水芹叶少许

调料

橄榄油20毫升，盐5克，鸡粉3克，辣椒酱10克，辣椒油、蒙特利调料各5克，蒜末、姜末各10克

做法

- 1 将土豆块，煮至六成熟。
- 2 油锅爆香蒜姜，下香肠、土豆块、青椒稍炒，加辣椒酱、辣椒油、蒙特利调料、盐、鸡粉调味，盛出，用洗净的水芹叶装饰即可。

新手注意 西班牙有多种香肠，大都是用猪肉做的辣味香肠。

红酒牛排

材料

牛排250克，烤土豆100克，生菜叶碎、番茄各适量

调料

红酒35毫升，盐2克，香葱段、黑胡椒碎、辣椒粉、孜然粉、橄榄油各适量

做法

- 1 番茄洗净切开，均摆盘；牛排洗净，用刀背拍打2分钟，加盐、黑胡椒碎、红酒腌渍。
- 2 锅注油烧热，下牛排煎至六成熟，撒上香葱段、孜然粉、黑胡椒碎、盐、辣椒粉，盛出装盘，放上烤土豆。

新手注意 牛排最好选择牛里脊；若没有牛里脊，也可用牛霖代替。

香煎牛排

材料

牛里脊肉200克，番茄200克，香芹少许

调料

橄榄油20毫升，盐5克，生粉6克，生抽20毫升，黑胡椒粉8克，白胡椒粒8克

做法

- 1 牛里脊肉洗净切块，加盐、黑胡椒粉、生抽，撒入生粉，腌渍15分钟。
- 2 煎锅中注入橄榄油，加热后放入腌渍好的牛里脊肉，煎至两面呈金黄色，装入盘，撒上白胡椒粒。
- 3 番茄洗净切小瓣，摆入盘中，撒上切碎的香芹即可。

新手注意 在选购牛肉时，要选择色泽红润，肌肉晶莹细嫩的牛肉。

菠萝牛排

材料

牛肉200克，菠萝片100克，奶油适量

调料

盐、胡椒粉、水淀粉、菠萝汁、蒜蓉、葱段、芹菜末各适量

做法

• 1 牛肉用清水洗干净，用铁棒轻轻拍打一会儿，再撒入适量的盐、胡椒粉，拌匀，腌渍入味。

• 2 锅烧热，倒入奶油溶化，下入处理好的牛肉、菠萝片，煎至食材熟透，盛入盘中。

• 3 起油锅，将菠萝汁、蒜蓉、芹菜末调成汁水，再加入水淀粉勾芡，淋入盘中，放上葱段即可。

新手注意：此菜应选择牛身上运动量最少的一块牛里脊肉，肉质软嫩，口感极好；尽量不要选择带有肥肉和肉筋的牛肉。

黑胡椒牛排

材料

牛排250克，奶油、洋葱丝、四季豆、胡萝卜各适量

调料

蒜片10克，黑胡椒酱、红葡萄酒各适量

做法

• 1 四季豆用清水洗干净，择除头尾；胡萝卜去皮洗净，切成大块；牛排收拾干净，切成稍大的块；四季豆及胡萝卜均焯水。

• 2 锅中放入奶油、蒜片炒香，下牛排煎至八分熟盛出。

• 3 用余油炒香洋葱和其他调味料，起锅后淋在牛排上，盘边围上煮好的四季豆和胡萝卜。

新手注意：将牛肉洗净切块后，可以用刀背轻轻地拍打牛肉，这是为了将肉里的水分拍出，便于腌渍时好入味。

比托克牛排

材料

牛里脊肉200克，四季豆100克，薯条50克，鸡蛋1个，鲜茴香少许

调料

盐3克，白胡椒粉3克，胡椒粒5克，红酒、橄榄油各适量

做法

•1 牛里脊肉洗净，用盐、红酒、白胡椒粉腌渍入味；四季豆洗净入沸水煮熟。

•2 平底锅置火上，倒入橄榄油，油热后放胡椒粒炒香，盛出放一旁备用。

•3 再向锅中注油，下牛里脊肉，两面煎至七成熟，取出放盘；锅留油，打入鸡蛋，略煎，加入盐，煎熟，盛出放入装有牛排的盘中，将薯条和煮熟的四季豆放入盘中，撒入炒香的胡椒粒即可。

新手注意

煎烤牛排的时间需要根据牛肉的面积厚度，烹饪器具，灶具火力大小的不同而有相应的变化。

维也纳炸牛排

材料

牛排60克，芦笋3根，鸡蛋1个，圣女果块、罗勒叶各适量

调料

番茄酱10克，红酒8毫升，盐1克，白糖2克，黑胡椒粉、孜然粉、橄榄油各适量

做法

•1 牛排加盐、白糖、红酒、黑胡椒粉、孜然粉腌渍；芦笋洗净，切去老根；另取容器，打入鸡蛋，取蛋黄，搅散，将腌渍好的牛排放入容器中，裹匀蛋黄。

•2 锅注油烧热，放入牛排，炸2分钟，翻面，再炸至表皮呈暗红色，捞出。

•3 芦笋放入热水锅中，加盐焯熟，捞出摆放盘中，将牛排放在芦笋上方，挤入番茄酱，摆上圣女果和罗勒叶即可。

新手注意

在食用维也纳炸牛排的时候，搭配醇香的德国白兰，可将炸牛排所有美味的味道都激发出来。

炸牛肉杏仁

材料

牛肉300克，奶酪4片，杏仁片、芹菜、蛋液、面粉各适量

调料

盐、胡椒粉各少许

做法

• 1 牛肉洗净，切成片，再用刀背拍成薄片，撒上盐和胡椒粉。

• 2 芹菜洗净剁碎，再用棉布包好，拧成碎花状。

• 3 把面粉涂抹在牛肉片的一面上。将奶酪片放在牛肉上，撒上少许芹菜，卷成圆状。

• 4 将圆状的牛肉表面抹上面粉，附上蛋液和杏仁。油锅烧热，放入牛肉炸熟，捞出后用吸油纸吸去油分即可。

新手注意 杏的酸液能腐蚀牙齿的珐琅质，因此食用后应立即漱口或刷牙。炸锅内要放入植物油去炸制，并且要等不冒烟时再将牛肉放入炸制为宜。牛肉片不宜切得过大或过厚，否则不易炸熟。

牛肉蔬菜卷

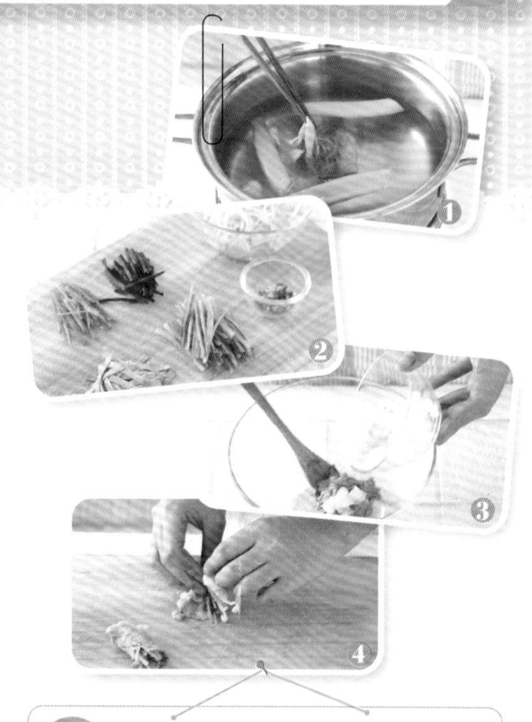

材料

牛肉300克，净豆芽菜、小黄瓜条各100克，红辣椒条、青辣椒条、薄片火腿各适量

调料

凤梨花生酱汁：花生奶油10克，凤梨片50克，酱油3克，柠檬汁5克，食盐2克

牛肉爆香佐料：蒜头、香葱段、清酒、盐各适量

做法

• 1 锅内放入香葱段和蒜头，加水煮沸后倒入清酒调味，入牛肉煮熟后捞起。

• 2 将余下原材料全部洗净备用。

• 3 将花生奶油和凤梨片拌匀后，加入柠檬汁、盐搅匀制成凤梨花生酱汁。将牛肉卷上蔬菜，稍炸盛出，和凤梨花生酱汁一起放在盘子上。

新手注意

牛肉蔬菜卷的封口处用牙签固定，这样更牢固；牛肉蔬菜卷中的蔬菜不要太少，肉卷太松的话容易散开。

匈牙利烩牛肉

材料

牛肉200克，洋葱50克，土豆50克，彩椒50克，牛骨汤100毫升

调料

黄油20克，月桂叶1片，布朗汁300毫升，干红葡萄酒30毫升，盐5克，黑胡椒粉8克，红椒粉10克

做法

- 1 牛肉、洋葱、土豆、彩椒洗净切块。
- 2 向锅中加入黄油烧热，将牛肉块倒入锅中，稍微煎至上色，下入洋葱、土豆、彩椒块，翻炒片刻。
- 3 加入月桂叶、红椒粉炒香，浇入干红葡萄酒，继续翻炒，倒入牛骨汤与布朗汁，煮至牛肉酥烂。
- 4 以盐、黑胡椒粉调味，盛出装盘。

新手注意

这道菜品中的牛肉一般做到七成熟时就熄火，但是也可以依照个人的口味适当控制烹制时间。

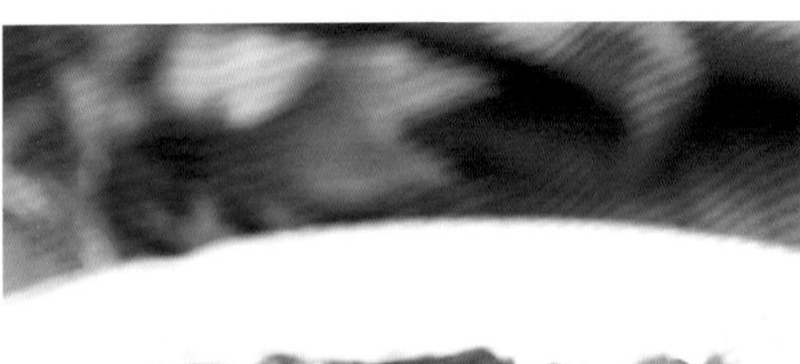

红酒烩牛肉

材料

牛肉300克，胡萝卜100克，番茄60克，口蘑50克，牛肉汤1000毫升，小葱头、百里香各少许

调料

盐3克，番茄酱15克，红酒200毫升，月桂叶、黑胡椒、橄榄油各适量

做法

- 1 牛肉洗净切块，加盐、黑胡椒、橄榄油，腌渍10分钟；胡萝卜、口蘑洗净切片；番茄洗净切丁；小葱头洗净。
- 2 油锅烧热，放入腌好的牛肉煎黄，下入番茄酱、胡萝卜、番茄、口蘑、小葱头、月桂叶，炒匀。
- 3 加红酒、牛肉汤、黑胡椒，焖煮至牛肉熟软；起锅后撒上洗净的百里香。

新手注意

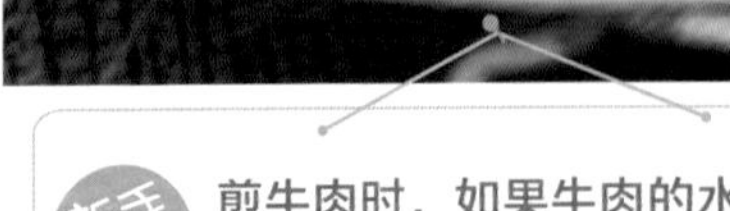

煎牛肉时，如果牛肉的水分太多会影响煎出来牛肉的颜色，所以牛肉腌渍好后要用手挤出其中的水分。

牧羊人派

材料

瘦牛肉开450克，土豆200克，洋葱丝50克，豌豆50克，西芹末、蘑菇末各少许

调料

黄油、面粉、番茄酱、盐、胡椒粉各适量，鸡汤250毫升

做法

• 1 土豆洗净去皮，入锅煮软后捞出，再压成泥，加黄油、盐和胡椒粉拌匀。

• 2 炒锅里加适量黄油，放入洋葱和蒜炒香，再加牛肉末翻炒，放入西芹末、蘑菇末、洗净的豌豆炒匀。

• 3 加鸡汤、番茄酱、面粉、盐、胡椒粉调味，烧开后小火焖10分钟。

• 4 烧好的馅装入烤盘，铺上土豆泥，烤15分钟，取出切块，土豆泥朝上装盘。

新手注意

肉酱中可加烫熟的玉米粒来增加菜品的丰富度；土豆泥中黄油的用量根据土豆的干湿度做调整。

黑啤炖牛肉

材料

牛肉350克，黑啤酒1罐，土豆块400克，胡萝卜片120克，迷迭香适量

调料

盐3克，牛油6克，茴香、月桂叶、牛肉汤、蒜蓉各适量

做法

• 1 将牛肉洗净切块，放入锅中，加水汆煮5分钟，去除血水，再用清水洗干净。

• 2 锅中倒入牛肉汤，煮开，放入牛肉、土豆、胡萝卜片、月桂叶、洗净的迷迭香，倒入一罐黑啤酒，加盐拌匀。

• 3 煮开后加盖炖1.5小时至牛肉熟软；另起锅，放入牛油、茴香、蒜蓉炒香。

• 4 将炒香的蒜蓉倒入锅中，拌匀，加盖，继续炖煮15分钟至牛肉酥烂。

新手注意

经过长时间炖煮的牛肉非常柔软，容易碎掉，所以千万不要搅拌得太用力，可以沿着锅边慢慢搅拌。

罗勒烤牛肉

材料

牛肉150克，罗勒叶、迷迭香各适量

调料

橄榄油20毫升，盐5克，胡椒粉、意大利黑醋、蜂蜜、香草各适量

做法

- 1 油锅放入香草，炒香，再加意大利黑醋、蜂蜜熬至收汁，装入碗中待用。
- 2 将牛肉放入碗中，加入适量盐、橄榄油、胡椒粉，腌渍入味，放入烤盘。
- 3 将烤盘放入180℃的烤箱烤15分钟；取出烤好的牛肉，切片摆盘，撒上洗净的迷迭香、罗勒叶。

若没有新鲜罗勒叶，可以用干料紫苏代替罗勒。

煮有机牛肉块

材料

有机牛肉块300克，牛肉骨汤300毫升

调料

橄榄油10毫升，盐3克，生抽8毫升，辣椒粉10克，蒜末、姜末各适量

做法

- 1 将牛肉洗净切成块状。
- 2 往锅中注入适量的橄榄油，将牛肉放入锅中煎至金黄。
- 3 加入蒜末、姜末炒香，加入生抽、辣椒粉、盐翻炒匀，注入牛肉骨汤，小火炖煮至牛肉酥软，将煮好的牛肉装盘即可。

牛肉最好先用油煎一下，这样是为了将肉汁锁在肉里。

红酒煎牛肉

材料

牛肉350克，胡萝卜100克，迷迭香10克

调料

红葡萄酒40毫升，月桂叶1片，橄榄油50克，黄油10克，盐4克，胡椒粉2克

做法

- 1 胡萝卜洗净，切块，炸黄。
- 2 牛肉洗净切块，加盐、胡椒粉和20毫升红葡萄酒，抓匀，腌渍1小时。
- 3 平底锅放橄榄油和黄油烧热，倒入月桂叶、牛肉块、红葡萄酒，煎熟，加盐、胡椒粉调味，摆盘，淋剩余的汁，摆入其他食材。

新手注意 牛肉腌渍好后，放在毛巾上以吸干牛肉的水分。

迷迭香烤肉

材料

牛排800克，白兰地30毫升，迷迭香适量

调料

盐3克，黑胡椒粉5克，橄榄油15毫升

做法

- 1 牛排洗净入碗，加盐、黑胡椒粉、橄榄油、白兰地、迷迭香腌渍入味。
- 2 将牛排卷成肉卷，用绳子捆紧固定，并用锡纸包裹。
- 3 烤箱预热至180℃，把锡纸包裹的牛排卷放入烤箱，烤25分钟至熟。
- 4 将牛排卷取出，去除锡纸，装入盘中即可。

新手注意 在烘烤的时候要让肉块受热均匀，宜低温烤制。

意大利肉丸

材料

牛肉500克，鸡蛋1个，奶酪60克，番茄100克，洋葱35克，罗勒叶适量

调料

盐4克，番茄酱150克，辣椒粉、黑胡椒粉、蒜末、黄油各适量

做法

• 1 番茄、洋葱洗净，切丁；牛肉洗净剁末，加盐、黑胡椒粉，打入鸡蛋拌匀成馅，腌渍10分钟；奶酪切成大小相同的丁。

• 2 将牛肉馅搓圆，压扁，包入奶酪，捏成丸子，入200℃的烤箱烤20分钟。

• 3 热锅烧油，炒香蒜、洋葱，加番茄碎、盐、黑胡椒粉、辣椒粉、水、番茄酱，煮开，下肉丸煮熟，放罗勒叶叶。

新手注意 意大利肉丸一般都是用牛肉馅儿来做的，但是也可以依据个人口味使用其他的肉类来制作肉丸。

肝肉排

材料

牛肝200克，牛奶80毫升，芦笋、玉米粒、胡萝卜、洋葱、面粉、柠檬汁、红酒各适量

调料

盐4克，胡椒粉10克，蒜末、生姜汁各适量

做法

• 1 牛肝洗净，用盐、胡椒粉、生姜汁腌渍；芦笋洗净切碎；玉米粒洗净焯熟；胡萝卜洗净切片；洋葱洗净切末。

• 2 将芦笋、胡萝卜片入锅炒熟，再放玉米稍炒，摆盘；蒜末、洋葱末入锅，倒入牛奶、柠檬汁、红酒调制成蒜酱。

• 3 将牛肝裹上面粉，入锅煎熟，装盘，淋上蒜酱即可。

新手注意 买回的牛肝不要急于烹调，应把肝放在自来水龙头下冲洗10分钟，然后放在水中浸泡30分钟。

桂蜜烤羊排

材料

羊肋排200克，圣女果适量

调料

盐3克，葱20克，姜40克，酱油、冰糖、料酒、桂花酱各适量

做法

• 1 将葱、姜去皮，均洗净切末；圣女果洗净，备用。

• 2 羊肋排洗净，放入锅中，加入葱、姜，调入酱油、冰糖、料酒、盐，以小火卤45分钟。

• 3 将卤好的羊肋排捞出，放入烤盘中，抹上适量的桂花蜜酱，再放入烤箱，烤至金黄色。取出烤好的羊肋排，装入备好的盘中，放上圣女果即可食用。

新手注意 大块食物长时间用低温烘烤，可使表层烤得焦香酥脆，内部达到刚好烤熟的程度，从而使得外香里嫩。

黑胡椒烤羊排

材料

剔骨羊排250克，鲜迷迭香、圣女果各适量

调料

橄榄油15毫升，盐3克，老抽、白兰地各8毫升，辣椒油10毫升，黑胡椒粉3克，白胡椒粒适量，干迷迭香5克，蒜片5克

做法

• 1 羊排剔骨洗净，将前端切齐整。

• 2 剔骨羊排加盐、老抽、白兰地、辣椒油、黑胡椒粉、白胡椒粒、干迷迭香、橄榄油，抹匀，放入蒜片，腌渍1小时。

• 3 将烤箱温度调成上火180℃、下火180℃预热；烤盘上垫锡纸，刷橄榄油。

• 4 腌好的羊排入烤盘，再入烤箱烤熟，取出，放上鲜迷迭香及圣女果装饰。

新手注意 在食用这道菜品的时候搭配有芥末籽的第戎芥末酱食用，可体会到更丰富的滋味变化。

香草烤羊排

材料

带骨羊排500克，罗勒叶少许

调料

橄榄油20毫升，盐5克，白胡椒粒8克，香草末10克，柠檬汁、生抽、料酒各10毫升，烤肉酱12克

做法

- 1 羊排切去周边不整齐的地方，洗净，加盐、柠檬汁、生抽、料酒、烤肉酱、香草末、白胡椒粒、橄榄油腌渍。
- 2 烤箱调至180℃，放入羊排，烤15分钟，翻面，刷烤肉酱，烤熟装盘，再放上罗勒叶装饰。

装饰羊排时，还可用香草、蔬菜等，能让菜品更诱人。

蜂蜜小羊排

材料

小羊排300克，圣女果100克，青豆200克，薄荷叶少许

调料

橄榄油10毫升，盐3克，蜂蜜20毫升，柠檬汁5毫升，黑胡椒粉10克

做法

- 1 小羊排洗净，加盐、蜂蜜、柠檬汁、黑胡椒、橄榄油，抹匀腌渍。
- 2 青豆洗净，焯烫至五成熟，装盘。
- 3 烤架刷橄榄油，放上小羊排，烤熟装盘；洗净的圣女果烤至皮裂开后装盘，撒上薄荷叶。

可将烤好的羊排露出的骨头部分用锡纸包好，方便食用。

胡椒烤羊扒

材料

羊排300克，圣女果适量

调料

橄榄油10毫升，盐3克，辣椒油、烧烤汁、生抽、料酒各8毫升，柠檬汁5毫升，黑胡椒粉、白胡椒粉各2克，黑胡椒粒、白胡椒粒、迷迭香各适量

做法

• 1 洗净的羊排加除黑、白胡椒粒和迷迭香外的调料，腌渍1小时；烤架刷橄榄油，放上羊排，刷烧烤汁，烤10分钟。

• 2 装盘，撒黑白胡椒粒、迷迭香，放圣女果装饰。

这道菜品还可以搭配蔬菜来食用，能让营养更加均衡。

香烤羊肉

材料

带骨羊排400克，土豆100克，松茸50克，香葱段25克，迷迭香适量

调料

盐3克，黑胡椒粉5克，橄榄油15毫升

做法

• 1 土豆洗净去皮；松茸洗净。

• 2 带骨羊排加盐、黑胡椒粉、橄榄油腌渍入味；土豆蒸熟，切成块，备用。

• 3 向锅内注橄榄油烧热，放入松茸、盐，煎至上色，关火取出；羊排入180℃烤箱，烤15分钟，装盘，配迷迭香和香葱食用。

羊排可切成1根骨头为一块，或两根骨头为一块，再装盘。

扒带骨羊排

材料

带骨羊排250克，土豆块80克，菠菜适量

调料

盐3克，鸡精5克，香草、橄榄油、黑椒红酒汁各适量

做法

• 1 羊排收拾干净，切适当大小，加盐、鸡精、香草、橄榄油拌匀腌渍。

• 2 菠菜洗净，入开水锅中焯烫，摆盘；土豆块加盐煮熟后制泥，放菠菜上。

• 3 羊排入锅煎至五分熟后入烤箱，以250℃烤5分钟，用土豆泥菠菜摆盘，淋上黑椒红酒汁。

新手注意 烹制此菜时，可适量加些黑醋汁，可以让人食欲大振。

鲜果香烤羊排

材料

羊排500克，圣女果80克，青樱桃50克，鲜迷迭香少许

调料

法式芥末籽酱20克，胡椒盐、黑胡椒粉、迷迭香碎各8克

做法

• 1 羊排洗净，除肋骨上的筋；圣女果、青樱桃、新鲜迷迭香均洗净，备用。

• 2 起油锅，下羊排煎上色后除去多余油脂，再抹芥末籽酱，与圣女果、青樱桃一起入烤箱，撒胡椒盐、黑胡椒粉、迷迭香碎烤熟后撒鲜迷迭香。

新手注意 处理羊排时，要去多余的脂肪和筋头，在末端留部分骨头。

栗子鸡肉丸

材料

鸡肉150克，熟栗子30克，熟鱼子适量

调料

盐2克，鸡精1克，迷迭香粉、糖、水淀粉、料酒各适量

做法

- 1 鸡肉洗净，剁碎，用调味料腌12分钟；熟栗子去皮后切碎。
- 2 将腌好的鸡肉末、栗子碎用手揉成丸子，分别裹上水淀粉；将丸子放入油锅，炸至金黄色后捞出摆盘，鱼子分别放在丸子上即可。

新手注意 食用这道菜时可搭配柠檬汁，既能增添风味，也能解油腻。

柠檬鸡肉块

材料

鸡胸肉200可，洋葱50克，酸豆50克，柠檬2片，柠檬皮适量

调料

盐3克，橄榄油、柠檬汁各10毫升

做法

- 1 材料洗净；洋葱切丝；部分柠檬皮切条，部分切碎；鸡胸肉敲打软，加盐、柠檬汁、柠檬皮碎，腌渍。
- 2 热锅注油，下腌渍好的鸡肉，煎黄装盘；锅留油，将酸豆、洋葱、盐稍炒，盛到煎好的鸡肉上，放入柠檬条与柠檬碎及柠檬片。

新手注意 鸡胸肉的腌渍时间应该长一点，这样才能入味。

特色扒鸡

材料

鸡肉200克，芦笋、高汤各适量

调料

盐3克，胡椒粉、香料、柳橙汁、蒜各适量

做法

• 1 鸡肉洗净，切块；芦笋洗净，入滚水中焯熟；蒜洗净，切末。

• 2 将盐、胡椒粉、香料拌匀，涂抹在鸡肉上，放进预热好的烤箱中以200℃烘烤8分钟，取出翻面，再烤6分钟，取出装盘。

• 3 将柳橙汁、高汤和蒜末煮成浓稠状的酱汁，淋在鸡肉上，摆上芦笋即可食用。

新手注意 如若鸡块的肉太厚，烘烤的时间可以长一些；这道菜品的酱汁可随个人的口味来进行调配。

巴西里煎鸡肉

材料

去骨鸡胸肉200克，西蓝花、胡萝卜各适量

调料

盐3克，黑胡椒粉、意大利香料、巴西里末、奶油、橄榄油各适量

做法

• 1 锅烧热，注入适量的橄榄油后，放入洗净的鸡胸肉煎熟，鸡肉上抹上奶油后，用盐、黑胡椒粉和意大利香料腌渍20分钟。

• 2 西蓝花洗净切小朵；胡萝卜洗净切块，焯熟备用。

• 3 鸡肉入锅煎熟，盛入盘，撒上适量的巴西里末，并将西蓝花与胡萝卜摆盘即可食用。

新手注意 新鲜的鸡肉块色泽大多白里透红，有亮度，摸起来手感十分光滑。

奶香鸡肉

材料

鸡肉250克，奶酪块100克，面粉、奶油各适量

调料

盐、柠檬汁、胡椒粉、辣椒油各少许

做法

- 1 鸡肉洗净，切小块，用盐、柠檬汁抓匀，腌渍15分钟；奶酪块剁碎。
- 2 向锅中倒入适量清水，放入鸡肉煮熟，捞出鸡肉并将鸡汤盛入容器内，备用；净锅中倒入奶油，用小火溶化，倒入鸡汤、辣椒油、面粉拌匀。
- 3 碗底刷上一层油，放上鸡肉、奶油，最后撒上奶酪块和混合好的面粉，装烤盘，放入烤箱中，将鸡肉烤至金黄色，撒上胡椒粉即可。

新手注意 鸡肉容易变质，购买之后如果不及时食用，则一定要马上放进冰箱里保存，以保证鸡肉的新鲜。

迷迭香鸡肉卷

材料

鸡胸肉300克，板栗肉100克，洋葱50克，油橄榄40克，迷迭香20克，百里香20克，薄荷叶10克，马苏里奶酪30克，香草叶适量

调料

橄榄油12毫升，盐3克，料酒10毫升，腌肉料10克，烤肉酱10克，葱花适量，姜末、蒜末各5克

做法

- 1 材料洗净切好；板栗肉煮熟；鸡胸肉加葱姜蒜、洋葱丝、百里香、迷迭香、薄荷叶、腌肉料、盐、料酒，腌渍。
- 2 油橄榄末、百里香、迷迭香炒香。
- 3 鸡胸肉撒奶酪碎，放炒香的油橄榄、百里香、迷迭香，卷好，刷上烤肉酱，烤熟，放上板栗肉和净香草叶即可。

新手注意 一定要在卷好鸡肉卷的锡纸上面用牙签戳几个孔，因为这样才能有利于鸡肉的汁水和热气散出。

蔓越莓鸡肉卷

材料

火鸡胸肉500克，蔓越莓干50克，大杏仁、开心果各40克，牙签少许

调料

胡椒盐8克，黑胡椒粉5克，红酒30毫升，橄榄油、青菜叶各适量

做法

• 1 火鸡胸肉洗净，切成厚片，以红酒、胡椒盐腌渍后，放上蔓越莓干、大杏仁、开心果，卷起，用牙签固定好。

• 2 锅注油，下肉卷煎上色，捞起后撒黑胡椒粉，以180℃烤熟，放入摆有青菜叶的盘中。

新手注意 在煎肉卷时，应先将用牙签固定的一面煎好，以免肉卷散开。

番茄鸡肉卷

材料

鸡胸肉300克，番茄80克，罗勒叶少许

调料

橄榄油10毫升，盐5克，胡椒粉适量

做法

• 1 材料洗好；鸡胸肉洗净，切片；番茄、罗勒叶洗净，切成碎末。

• 2 向热锅中放入橄榄油、番茄、罗勒叶，加入少许盐炒至熟软。

• 3 鸡胸肉入油锅，加盐、胡椒粉煎上色，盛入盘中，炒好的番茄铺在鸡胸肉上，卷起，入烤箱以180℃烤熟，取出切片，铺盘即可。

新手注意 鸡胸肉卷起后不易固定，可用绳子将鸡肉卷捆绑固定。

香辣鸡心

材料

鸡心100克，胡萝卜200克，香芹叶少许

调料

盐3克，橄榄油、生抽各10毫升，料酒8毫升，辣椒粉、蒜末、姜末各适量

做法

• 1 材料洗净；胡萝卜，洗净切块，加盐焯煮；香芹叶切碎；鸡心洗净，汆煮。

• 2 起油锅，爆香蒜姜，加料酒、生抽、鸡心、辣椒粉、水炒匀，放胡萝卜块、盐拌匀，煮片刻；香辣鸡心装盘，用香芹叶装饰。

新手注意 鸡心汆水，不但能够去除鸡心的异味，还能去除杂质。

红酒烩鸡肝

材料

鸡肝200克，苹果180克，洋葱50克，鼠尾草适量

调料

盐3克，黑胡椒粉适量，胡椒粉5克，橄榄油、柠檬汁各10毫升，干红葡萄酒20毫升，蒜末、姜末各适量

做法

• 1 鸡肝洗净切片；苹果洗净，去皮去核，切片；洋葱洗净切丝；鼠尾草洗净。

• 2 油锅爆香蒜姜，下鸡肝、苹果、洋葱丝、调料炒熟，装盘摆好，放上鼠尾草装饰即可。

新手注意 红葡萄酒不但能够去除鸡肝的腥气，还能使鸡肝口感更佳。

橙汁扒鸭脯

材料

玫瑰露酒5毫升，鸭脯肉2块，香橙1个

调料

浓缩橙汁、胡椒粉、盐、面粉、蒜各少许

做法

•1 材料洗净；鸭脯肉用清水洗干净，切成块；香橙分成4份；蒜去皮剁蓉。

•2 鸭脯肉放入碗中，加适量的蒜蓉、玫瑰露酒、胡椒粉、盐腌渍，再拍上适量的面粉。

•3 锅中放油，烧热，放入腌渍好的鸭脯肉，煎至两面金黄。

•4 将煎好的鸭脯肉盛出，装入洗净的盘中，加入香橙、蒜，淋上适量的浓缩橙汁即可。

新手注意 在煎鸭脯肉时，油温一定要热，这样才能将肉汁充分锁在肉里，以保证肉质鲜嫩，不会变老变柴。

鹅肝配炒香梨

材料

鲜鹅肝150克，香梨、香肠各80克，炸土豆丝25克，红椒、洋葱各适量

调料

盐2克，糖、辣椒粉、酱油各5克，陈醋适量

做法

•1 红椒用清水洗净，去蒂和籽，切成片；香梨洗净，去皮，切丁；洋葱洗净，切条。

•2 鹅肝收拾干净，用适量的酱油和盐腌渍10分钟。

•3 香梨丁入锅，加糖炒熟，盛出装盘；红椒、香肠下锅稍炒，倒入鹅肝炒，加辣椒粉和陈醋拌炒，出锅装盘。

•4 将炸土豆丝、葱条置于鹅肝上。

新手注意 鹅肝烹制时间不能太短，至少应该在急火中炒5分钟以上，使肝完全变成灰褐色，看不到血丝才好。

酱汁鹅肝

材料

鹅肝100克，芒果、洋葱各适量

调料

白兰地8毫升，味椒盐5克，橄榄油、酱油、干面粉各适量

做法

- 1 鹅肝用清水洗净，加白兰地腌渍15分钟左右，两面裹上适量的干面粉；芒果洗净去皮，取肉切丁；洋葱洗净，切丁。
- 2 油锅烧热，将腌渍好的鹅肝放入锅中，先用大火煎，再改小火煎至一面金黄时，撒上味椒盐，再煎另一面，至八分熟，关火。
- 3 鹅肝装盘，淋上酱油，摆上芒果丁、洋葱丁即可食用。

新手注意 鹅肝不适合搭配带苦味的东西及味道太过于强烈的东西，在搭配时，要让鹅肝的香味占上风。

糖煎法国鹅肝

材料

鲜鹅肝80克，黑红鱼子酱、面包片、生菜各适量

调料

糖蜜10毫升，白葡萄酒、黑椒粉各适量

做法

- 1 将鹅肝洗净，用白葡萄酒浸5分钟；面包片切去边，再分别切成圆形和长方形，摆盘；生菜洗净，铺在长方形面包片上。
- 2 鹅肝放入锅中煎熟，盛出，叠在生菜叶上；利用余油将糖蜜和黑椒粉调成黑椒汁，淋在鹅肝上。
- 3 将黑红鱼子酱置于圆形面包片上即可食用。

新手注意 将鹅肝用白葡萄酒浸泡能够令鹅肝味道变得浓香，待煎到七成熟左右，鹅肝就变得外焦里嫩了。

第五道菜是蔬菜类菜肴

西餐中的蔬菜类菜肴被安排在肉类菜肴之后，也可以与肉类菜肴同时上桌，称之为沙拉，主料多为各式各样的蔬菜（如生菜、西红柿、黄瓜、芦笋等），配上调味汁（如醋油汁、法国汁、千岛汁、奶酪沙拉汁等），营养又美味。

橄榄油蔬菜沙拉

材料

鲜玉米粒90克，圣女果120克，黄瓜100克，熟鸡蛋1个，生菜50克

调料

沙拉酱10克，白糖7克，凉拌醋8毫升，盐少许，橄榄油3毫升

做法

• 1 黄瓜洗净，切片；生菜洗净，切碎；圣女果洗净，切开；熟鸡蛋剥壳，切开，取蛋白，切小块。

• 2 锅注水烧开，倒入玉米粒，焯熟捞出；取黄瓜片，围在盘子边沿作装饰。

• 3 玉米粒入碗，放入圣女果、黄瓜、蛋白，加沙拉酱、白糖、凉拌醋。

• 4 放入盐、橄榄油搅拌入味，盛出装入装饰好的盘中，撒生菜即可。

新手注意：制作这款沙拉要用初榨橄榄油；可用黑醋代替凉拌醋制作这款沙拉。

水果奶酪沙拉

材料

黄金猕猴桃1个，番茄1个，橄榄4个

调料

莫札瑞拉奶酪100克，优格绿茶酱50克

做法

• 1 将黄金猕猴桃去除皮，用适量的清水洗干净，再改切成每片1厘米左右的厚度。

• 2 将橄榄洗净切成薄片，再将番茄洗净，切成每片约1厘米的厚度。

• 3 将准备好的莫札瑞拉奶酪切成大小均匀的薄片。

• 4 将黄金猕猴桃、番茄、橄榄和莫札瑞拉奶酪排列于盘中，将优格绿茶酱汁均匀地淋上。

莫札瑞拉奶酪是制成的新鲜奶酪，口感美味且有奶香味，适合与果蔬一起制作成沙拉食用。

和风野菜沙拉

材料

大芦笋3根，玉米笋2根，西芹1根，小黄瓜80克，苹果50克，红甜椒、黄甜椒、胡萝卜各75克，甜菜3片，苜蓿芽、熟章鱼各100克

调料

蛋黄沙拉酱、和风西红柿沙拉酱各适量

做法

• 1 胡萝卜、大芦笋均洗净；胡萝卜去皮，大芦笋去硬皮，连同洗净的玉米笋一起焯烫，捞出装盘，放入冰水中冰镇；西芹、小黄瓜、红黄甜椒、苹果洗净，切片，均排入盘中。

• 2 苜蓿芽、甜菜、熟章鱼入盘装饰，蘸西红柿沙拉酱或蛋黄沙拉酱食用。

焯煮后的蔬菜应该完全沥干水分再加入沙拉酱，否则蔬菜中带有的水分会影响沙拉的口感。

田园沙拉

材料

小黄瓜50克，红、黄甜椒各1个，苜蓿芽50克，葡萄干10克

调料

蛋黄沙拉酱10克，白醋5毫升，鲜奶15毫升

做法

- 1 小黄瓜用清水洗干净，以波浪刀切片；苜蓿芽用清水洗干净，沥干水分，备用。
- 2 蛋黄沙拉酱、白醋、鲜奶放入备好的小碗中，搅拌均匀，做成沙拉酱。
- 3 红、黄甜椒分别去蒂及籽，洗净，切丝排入盘中。
- 4 加入小黄瓜及苜蓿芽，淋上调好的沙拉酱，撒上葡萄干即可。

沙拉蔬菜可于食用前一天洗净拣好，以湿巾包好放入电冰箱内，食用前将蔬菜取出拌入酱料即可。

元气美味沙拉

材料

圣女果80克，莴笋20克，生菜、紫包菜、熟玉米粒、罗勒叶、松子、全麦吐司片各适量

调料

蒜5克，橄榄油适量

做法

- 1 莴笋用清水洗净切片；圣女果洗净；紫包菜洗净，切丝；生菜洗净备用。
- 2 罗勒叶、松子、蒜洗净，与橄榄油一起用果汁机打成糊状的沙拉酱；全麦吐司切成小块状，入烤箱烤香。
- 3 将所有材料盛入盘中，淋上适量的沙拉酱即可食用。

沙拉讲究材质冰冷、干爽，所以沙拉中的蔬菜一定要充分沥干水分，口感才会更加爽脆。

玉米沙拉

材料

嫩玉米粒300克，番茄、豌豆各100克

调料

沙拉酱适量

做法

•1 将玉米粒洗净，倒入锅中，加入适量清水，加热，煮熟，备用。

•2 番茄洗净，放入水锅中，用大火烧热，捞起，剥去皮，去子，切成小丁，备用。

•3 豌豆洗净，同样倒入水锅中，用大火煮熟，备用。

•4 将煮熟的玉米粒、番茄丁、豌豆一起盛入碗中，加入沙拉酱，搅拌均匀即可食用。

新手注意 在焯煮各类蔬菜的时候，可以加入适量的盐和橄榄油，会让味道更加美味。

缤纷蔬菜沙拉

材料

包菜100克，圣女果30克，紫包菜、黄瓜各50克

调料

盐3克，沙拉酱30克，酸醋汁适量

做法

•1 将包菜洗净，沥干水分，撕成小块，放入酸醋汁中，加入适量盐，浸泡5分钟，捞出装盘。

•2 圣女果洗净，对半切开；黄瓜洗净，切成圆形薄片；紫包菜洗净，切成块状，备用。

•3 将处理好的包菜、圣女果、黄瓜、紫包菜一起装入另一盘中，淋上沙拉酱，拌匀即可食用。

新手注意 在清洗黄瓜的时候，不要在水中浸泡过长时间，否则黄瓜内的维生素会流失。

萝卜黄瓜沙拉

材料

樱桃萝卜100克，黄瓜120克，鲜莳萝草适量，香菜叶少许

调料

橄榄油、白醋各少许，盐、黑胡椒粉、沙拉酱各适量

做法

• 1 樱桃萝卜与黄瓜洗净切成薄片。

• 2 鲜莳萝草洗净切成末，待用。

• 3 将萝卜片、黄瓜片与莳萝草装入碗，加黑胡椒粉、盐、白醋、沙拉酱，搅拌均匀，加橄榄油拌匀，放上洗净的香菜叶装饰。

新手注意 根须多的樱桃萝卜味道较辣，根须少的樱桃萝卜较甜。

四季紫薯沙拉

材料

四季豆100克，紫薯100克，西芹叶适量

调料

橄榄油、柠檬汁、盐各适量

做法

• 1 材料洗净；四季豆去筋，切成段；西芹叶洗净；紫薯去皮，切小方块状。

• 2 四季豆段入沸水，加盐煮熟捞出。

• 3 把紫薯放入沸水中煮熟，也捞出。

• 4 将紫薯块与四季豆都放入大碗中，加柠檬汁拌匀，加入橄榄油，拌匀装入沙拉碗中，放上西芹叶装饰即可。

新手注意 四季豆不宜生食，一定要彻底焯煮熟，以免引起食物中毒。

土豆洋葱沙拉

材料

土豆200克，白皮洋葱100克

调料

橄榄油10毫升，盐2克，醋少许，红糖3克，蛋黄酱10克，柠檬汁适量，黑胡椒粉少许，葱10克

做法

• 1 材料洗净；白皮洋葱切丁；葱切末。

• 2 洋葱入油锅翻炒，加醋、红糖搅拌至金黄色；土豆煮熟后去皮切块。

• 3 洋葱与土豆混合，加蛋黄酱、柠檬汁、盐、黑胡椒粉拌匀，撒上葱末。

新手注意 购买土豆时，勿选长出嫩芽的，因长芽的地方含有毒素。

土豆鸡蛋沙拉

材料

土豆200克，洋葱50克，鸡蛋2个

调料

橄榄油10毫升，柠檬汁、糖粉、盐各适量，葱花20克

做法

• 1 材料洗净；土豆去皮，切块；洋葱切圈；鸡蛋加盐、糖粉、橄榄油、柠檬汁，搅至成凝固油脂状，制成沙拉酱。

• 2 土豆、洋葱、葱花下入沸水锅中，加入少许盐，煮熟后捞出，放凉待用。

• 3 沙拉酱加入放凉的食材中，拌匀。

新手注意 可以将土豆块变成土豆泥来制作这道沙拉，口感也极佳。

甜橙果蔬沙拉

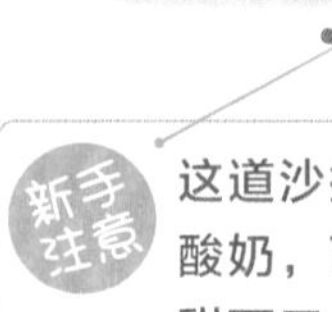

材料

橙子150克，黄瓜80克，圣女果40克，紫甘蓝35克，生菜叶60克

调料

橄榄油、生抽各适量

做法

- 1 生菜洗净，切去根部，再切成丝；紫甘蓝洗好，切成丝；圣女果洗净，去除果蒂，对半切开；将黄瓜洗净，切成块；把橙子洗净，切开，再切成小瓣，去除果皮，把果肉切成片，备用。
- 2 取一碗，倒入切好的橙子、黄瓜、紫甘蓝，放入洗净的生菜叶，加入圣女果，拌匀。
- 3 倒入适量的橄榄油，淋入生抽，拌匀调味。
- 4 另取一盘，盛入拌好的果蔬沙拉即可。

新手注意 这道沙拉中淋入适量的酸奶，可使成品更加酸甜可口。新鲜的橙子颜色应该为橘红色，最显著的特征是表面有一定光泽，有水润感，并且颜色均匀、没有斑点，这样的橙子应该优先购买。

翡翠沙拉

材料

金针菇70克，土豆80克，胡萝卜45克，彩椒30克，黄瓜180克，紫甘蓝35克

调料

沙拉酱适量

做法

- 1 材料洗净；胡萝卜去皮，切开，切细丝；彩椒切粗丝；去皮土豆切片，切细丝；黄瓜切段，切片，切细丝；紫甘蓝去根部，切细丝。
- 2 向锅中注入适量清水烧开，倒入洗净的金针菇拌匀，焯煮至断生，捞出，沥干水分，待用。
- 3 向沸水锅中倒入土豆，用大火焯煮至变软，捞出材料，沥干水分，待用。
- 4 取盘，放入金针菇、彩椒、土豆、胡萝卜、黄瓜，点缀上紫甘蓝，挤上沙拉酱即可食用。

可在这道菜品中加黑胡椒碎，沙拉酱和黑胡椒相搭配味道既刺激又诱人——看似矛盾的两种味道，结合在一起却妙不可言！为了不失去新鲜感，制作这道沙拉的原料可用各种喜好的蔬菜。

海带黄瓜沙拉

材料

水发海带、黄瓜、红椒片各适量

调料

盐、橄榄油、柠檬汁各少许

做法

- 1 水发海带洗净，切条；黄瓜洗净切片，用盐腌渍，再洗去盐分，沥干。
- 2 向锅中倒水烧开，放入盐拌匀，再下入海带、红椒片烫片刻，捞起沥水，放入盘中。
- 3 将橄榄油、柠檬汁与腌好的黄瓜一起放入盘中，拌匀即可。

新手注意：海带不能与酸涩的水果同食，否则会阻碍人体吸收铁元素。

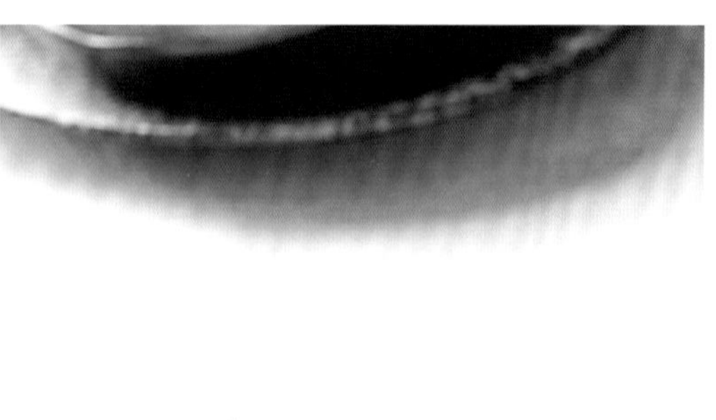

柠檬蔬菜沙拉

材料

小白菜200克，红椒少许

调料

盐、白糖、柠檬汁各适量

做法

- 1 小白菜洗净，切掉老根；红椒洗净，切薄片。
- 2 向锅中注入适量的清水，用大火烧开，入小白菜、红椒稍焯，捞起沥水，放入盘中。
- 3 将盐、白糖、柠檬汁倒入盘中，拌匀即可食用。

新手注意：新鲜的小白菜呈绿色，无黄叶、无烂叶、无虫蛀现象。

营养沙拉

材料

黄瓜100克，百香果60克，红椒8克，生菜、紫包菜、橙子各少许

调料

酸奶20毫升

做法

•1 生菜洗净撕片；黄瓜洗净切片；紫包菜与红椒洗净切丝；橙子洗净切块。

•2 百香果洗净对剖，挖出果肉，加入酸奶调匀，制成百香果酸奶沙拉酱。

•3 将备好的蔬菜盛盘，放上橙子，淋上百香果酸奶沙拉酱即可。

新手注意 生菜对乙烯敏感，储藏时应远离苹果，以免诱发赤褐斑点。

蔬果秋葵沙拉

材料

秋葵80克，牛蒡丝、莴笋、胡萝卜、番茄各少许

调料

盐、芝麻酱、酱油、蜂蜜、山葵酱各适量

做法

•1 秋葵、牛蒡丝均洗净，放入开水锅中焯烫片刻，捞出沥水；胡萝卜洗净切丝；番茄洗净切片；莴笋洗净切片。

•2 将莴笋、秋葵、牛蒡丝、胡萝卜丝、番茄片均匀摆于盘中，加入所有调料拌匀即可。

新手注意 挑选时以叶绿、根茎粗壮、无腐烂痕疤的新鲜莴笋为佳。

希腊蔬菜沙拉

材料

洋葱50克，红甜椒100克，黄瓜100克，生菜80克，乌梅50克

调料

橄榄油适量，羊奶酪80克

做法

• 1 将洋葱、黄瓜、红甜椒、生菜、乌梅全部用清水洗净，洋葱切成圈，黄瓜切成片，彩椒切成条状，生菜切成大块状；羊奶酪切成块。

• 2 将切好的黄瓜、红甜椒、洋葱、生菜和乌梅、橄榄油一起放入碗中，搅拌均匀。

• 3 调味并品尝，合适后放入沙拉器皿中。

• 4 放入羊奶酪就完成了。

新手注意

应该挑选均匀细长、表面的刺越多越好、肉头饱满的黄瓜，这样的黄瓜比较新鲜。

希腊奶酪沙拉

材料

奶酪180克，圣女果100克，紫叶生菜60克，黄甜椒45克，青柠檬、罗勒叶各少许

调料

沙拉酱15克，细砂糖5克

做法

• 1 圣女果洗净，切成小块；黄甜椒洗净，切成片；柠檬洗净，切成小块；紫叶生菜、罗勒叶均洗净，沥干水分备用；再把奶酪切成小方块。

• 2 将紫叶生菜垫入盘底，放入其余切好的蔬果。

• 3 倒入细砂糖，拌匀至砂糖溶化。

• 4 放入切好的奶酪块，略拌一会儿。

• 5 放入罗勒叶，加沙拉酱调味。

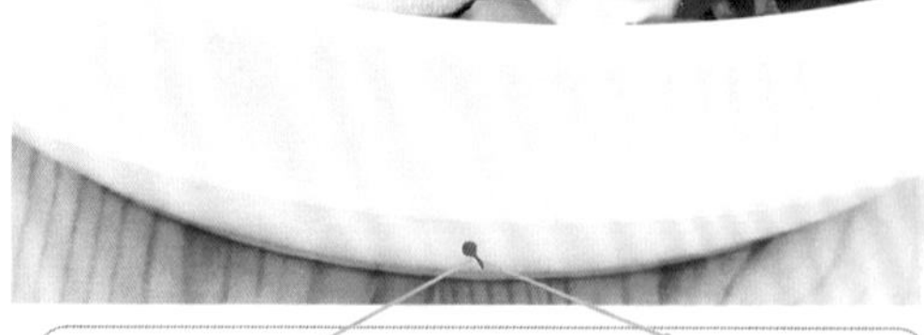

新手注意

若是觉得奶酪味道重，可以撒点黑胡椒，中和一下奶酪的味道，同时，也能够让味道变得更加丰富。

橄榄油沙拉

材料

番茄80克，洋葱25克，奶酪、黄瓜、芝麻菜、生菜各适量

调料

食盐1克，橄榄油14毫升，白醋适量

做法

• 1 番茄洗净，切块；洋葱洗净，切条；奶酪切小块；黄瓜洗净，切块；芝麻菜、生菜均洗净。

• 2 将上述食材一一放入碗中（奶酪最后放）。

• 3 取一小碟，倒入食盐、橄榄油、白醋，拌匀成酱汁。

• 4 将调好的酱汁淋入沙拉中，轻轻搅拌即可（以免把奶酪弄碎）。

这款沙拉里面的蔬菜可以根据自己的需要和季节的变化进行更换，但选用的蔬菜一定要新鲜。

华尔道夫沙拉

材料

核桃仁40克，青苹果100克，生菜、芝麻菜叶各100克

调料

柠檬汁、橄榄油各适量

做法

• 1 将青苹果洗净，对半切开，去核、去籽，再切成薄片，盛入碗中，备用。

• 2 将芝麻菜叶用清水冲洗干净，沥干水分，用刀切成小段，装入盘中，备用。

• 3 将生菜用清水冲洗干净，沥干水分，用手撕成块状，装入盘中，备用。

• 4 将核桃仁、生菜叶、芝麻菜叶、青苹果放入碗中，淋上柠檬汁、橄榄油，拌匀即可。

在用青苹果制作沙拉时，最好挑选大小匀称的，或者是中等大的，这样吃起来比较脆。

橄榄油拌果蔬沙拉

材料

紫甘蓝100克，黄瓜100克，番茄95克，玉米粒90克

调料

盐2克，沙拉酱、橄榄油各适量

做法

- 1 黄瓜洗净，切片；紫甘蓝洗净，切块；番茄洗净，切成片，备用。
- 2 沸水锅倒入洗净的玉米粒，煮约1分钟，再放入切好的紫甘蓝，煮约半分钟，至食材断生后捞出，沥干水分。
- 3 把焯煮熟的食材装入碗中，倒入切好的黄瓜、番茄，淋上少许橄榄油，加入适量盐，拌匀，再倒入适量沙拉酱。
- 4 搅拌至食材入味；取一个干净的盘子，盛入拌好的食材，摆好盘即可。

新手注意 玉米粒较硬，焯煮的时间可稍微长一些；紫甘蓝经过高温炒、煮后会掉色，并流失少部分营养，这属于正常现象。若想保持紫甘蓝原本艳丽的紫红色，可在加热操作前加少许白醋。

紫甘蓝雪梨玉米沙拉

材料

紫甘蓝90克，雪梨120克，黄瓜100克，香芹70克，鲜玉米粒85克

调料

盐2克，沙拉酱15克

做法

- 1 香芹洗净，切丁；黄瓜洗净，切成丁；雪梨洗净去皮切开，去核，切成小块；紫甘蓝洗净，切条，切成小块。
- 2 沸水锅放入盐、洗净的玉米粒，煮半分钟，加入紫甘蓝，再煮半分钟，把煮好的玉米粒和紫甘蓝捞出，沥干。
- 3 将切好的香芹、雪梨、黄瓜倒入碗中，加入焯过水的紫甘蓝和玉米粒。
- 4 倒入沙拉酱，用勺子搅拌匀，将拌好的沙拉盛出，装入碗中即可。

新手注意 紫甘蓝如果不马上食用，可挖掉紫甘蓝的根部，将一块用水浸至微湿的厨房纸巾放在挖去的空洞中，然后用食品保鲜膜包起来，放入冰箱冷藏，这样就可以将甘蓝保存较长的时间了。

羊奶酪沙拉

材料

洋葱30克，圣女果200克，羊奶酪120克，青橄榄50克，黄瓜80克，薄荷叶、生菜各适量

调料

白糖10克，盐、橄榄油、沙拉酱各适量

做法

- 1 材料洗净；圣女果切成四块儿；洋葱切丝；黄瓜切片；羊奶酪切丁。
- 2 将青橄榄、薄荷叶、生菜及切好的材料放入碗中，用筷子拌匀。
- 3 倒入羊奶酪丁，加盐、白糖，拌匀。
- 4 淋沙拉酱，拌匀。

新手注意 食用前根据个人的喜好酌情加入沙拉酱，拌匀即可。

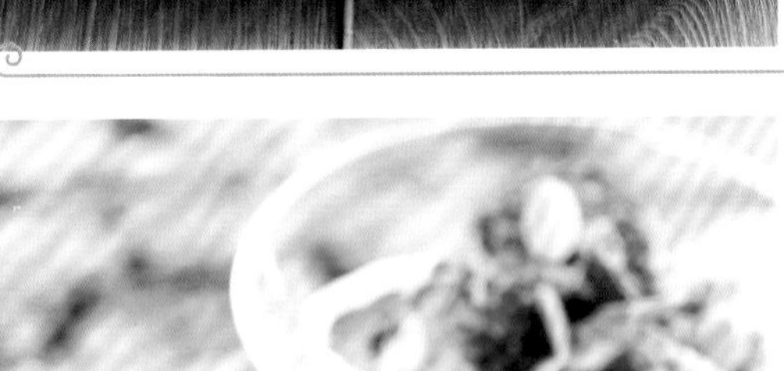

西蓝花沙拉

材料

西蓝花100克，杏仁片20克，葡萄干10克，洋葱50克，培根50克

调料

盐2克，沙拉酱、橄榄油各适量

做法

- 1 材料洗净；西蓝花切朵状，过盐水焯煮捞出；洋葱切成圈；培根切片状。
- 2 培根片放入热油锅中煸至金黄色。
- 3 将西蓝花、洋葱圈、杏仁片、培根片、葡萄干放进大的容器中，淋上沙拉酱拌匀；将拌好的沙拉装入碗中即可。

新手注意 将西蓝花焯水前用刀切“十”字，可确保菜花烹制均匀。

番茄芦笋沙拉

材料

芦笋200克，番茄200克，罗勒叶100克，洋葱100克

调料

盐适量

做法

- 1 将芦笋洗净，入沸水锅中焯烫片刻，捞出沥水。
- 2 将番茄洗净，再对半切开；洋葱洗净，切成丝；罗勒叶洗净。
- 3 将洋葱丝、番茄、芦笋、罗勒叶放入大碗中，撒入少许盐，拌匀之后装入碗中即可。

焯煮后的芦笋随即放入加冰的冷水中浸泡，可保颜色翠绿。

黄瓜番茄沙拉

材料

黄瓜100克，番茄100克，芝麻叶200克

调料

白酱20克

做法

- 1 将黄瓜洗净，切成约0.5厘米的厚片待用。
- 2 将番茄用清水洗净，然后用刀将其切成齿轮状待用。
- 3 将芝麻叶洗净，装盘垫底。
- 4 放上切好的黄瓜片与番茄。
- 5 淋上白酱即可。

这道沙拉中可以加入新鲜香芹、罗勒和蒜末来帮助提味。

包菜沙拉

材料

包菜150克，胡萝卜50克，白皮洋葱50克

调料

奶酪20克，醋适量，盐少许，胡椒粉适量

做法

- 1 将包菜洗净切成丝；胡萝卜洗净，切成细丝状；洋葱洗净。
- 2 把准备好的奶酪、洋葱用刀切碎，装入盘中，备用。
- 3 将包菜、胡萝卜、洋葱放入碗内，加入奶酪和醋拌匀，装入盆内。
- 4 往盆里撒上胡椒粉和精盐，拌匀即可食用。

如果喜食辣味，可以在沙拉上撒些干辣椒碎，吃起来味道会更佳；包菜外表清新，生食营养更丰富。

山羊奶酪沙拉

材料

山羊奶酪200克，黄圣女果50克，番茄100克，罗勒叶200克，洋葱30克，罐装豆子100克

调料

柠檬汁少许，橄榄油、海盐各适量

做法

- 1 将番茄洗净，切粗条状；黄圣女果洗净，对半切开。
- 2 洋葱洗净切丝；山羊奶酪切成小块；罗勒叶洗净，备用。
- 3 将柠檬汁、橄榄油、海盐混合，调成酱汁。
- 4 把洗净的罗勒叶铺在盘中垫底，在中间放上其余食材，淋上混合酱汁即可食用。

这款沙拉适合搭配玫瑰红酒以及芬芳圆润的干白葡萄酒一起食用；山羊奶酪可直接吃也可烤过后食用。

香草土豆沙拉

材料

带皮土豆200克，鲜莳萝草10克

调料

盐2克，白胡椒粉3克，香葱10克

做法

- 1 将土豆洗净放入锅中，加适量盐煮15~20分钟至熟捞出。
- 2 将煮好的土豆趁未完全凉后去皮，切成厚片状。
- 3 将土豆片装入容器中，撒上白胡椒粉拌匀，装入碗中。
- 4 将莳萝草、水葱用水洗净，沥干水分后将其用刀切碎，撒在土豆上做装饰，即成。

土豆煮制的时间可以根据土豆实际的大小来进行改动，一定要将土豆煮至完全熟透后再捞出。

朴素沙拉

材料

吐司30克，生菜50克，番茄40克，洋葱30克，葡萄干10克

调料

橄榄油10毫升，盐1克，香草末3克，蒜末适量

做法

- 1 将吐司切成小块；生菜洗净切成块状；番茄、洋葱洗净，切成条状，装碗待用。
- 2 将橄榄油倒入锅中烧热，加入蒜末、香草末炒香。
- 3 将切好的吐司倒入锅中，加入盐，翻炒均匀至金黄色即出锅。
- 4 将切好的生菜、番茄、洋葱、葡萄干、吐司拌好，装盘即可。

可以在沙拉中加入适量的酸奶，口感会更佳；松软的吐司搭配爽脆的蔬菜一起食用，口感更加丰富。

什锦果蔬沙拉

材料

红甜椒50克，黄甜椒50克，美国车厘子50克，樱桃萝卜60克，牛至叶50克，皱叶包菜嫩叶100克，鸡蛋1个

调料

橄榄油10毫升，盐适量

做法

- 1 将红、黄甜椒洗净切条，放入锅中，加少许橄榄油、盐，煎1分钟盛出。
- 2 樱桃萝卜洗净切扇子形，底部不切断；皱叶包菜嫩叶洗净，切块，垫底。
- 3 鸡蛋煮熟，切条；食材装盘，用净牛至叶、鸡蛋装饰即可。

可以在沙拉中淋入适量的柠檬汁，味道会更佳。

混合素沙拉

材料

腌制青橄榄50克，腌制黑橄榄50克，洋葱30克，番茄50克，红提30克，红甜椒40克，黄瓜100克，生菜50克，奶酪100克

调料

沙拉酱适量

做法

- 1 将洋葱、番茄洗净，切块；黄瓜洗净，切片；红提洗净。
- 2 奶酪切小方块；红甜椒洗净，切丝。
- 3 生菜洗净，切块，装入大碗中。
- 4 备好的材料放入碗中，拌沙拉酱，装入碗中即可。

若是觉得沙拉酱热量太高，则可以用酸奶代替沙拉酱。

土豆水果沙拉

材料

带皮土豆100克，哈密瓜100克，奶酪100克，香芹叶适量

调料

盐2克，沙拉酱适量

做法

- 1 将土豆洗净，放入锅中，加盐煮15~20分钟至熟，捞出沥干；香芹叶洗净；土豆去皮，切成丁状，待用。
- 2 哈密瓜洗净去皮切丁；奶酪切丁。
- 3 把所有的材料全部放进大的容器中，倒入适量的沙拉酱，拌匀，将拌好的沙拉装入碗中。

绿皮和麻皮的哈密瓜成熟时头部顶端会变成白色。

圣女果配沙司

材料

圣女果250克，牛奶200毫升，薄力粉50克，黄油50克

调料

盐、胡椒粉、橄榄油各适量

做法

- 1 圣女果洗净，将果肉剜除，刷上橄榄油后放入150℃的烤箱中烤3分钟。
- 2 将薄力粉倒入热黄油锅中，炒匀。
- 3 小火煮至糊状，关火后加牛奶、盐、胡椒粉，再次加热，即牛奶沙司。
- 4 将放凉的牛奶沙司倒入裱花袋中，再一一挤入圣女果中，装入碗中即可。

烤箱在使用前要预热，并且应在烤盘上铺锡纸后再放食物。

苹果蔬菜沙拉

材料

苹果100克，番茄150克，黄瓜90克，生菜50克

调料

沙拉酱10克，牛奶30毫升

做法

- 1 番茄洗净，对半切开，切片；黄瓜洗净，切片；苹果洗净，去核切片。
- 2 将切好的食材装入碗中，倒入牛奶，加入沙拉酱，拌匀。
- 3 把洗好的生菜叶垫在盘底。
- 4 装入做好的果蔬沙拉即可。

牛奶不要加太多，否则会影响沙拉的口感。

杏仁蔬菜沙拉

材料

巴旦木仁30克，荷兰豆90克，圣女果100克

调料

盐3克，橄榄油3毫升，沙拉酱15克

做法

- 1 圣女果洗净切开；荷兰豆洗净切段。
- 2 向锅注水烧开，放入盐、橄榄油，倒入荷兰豆，煮熟，捞出。
- 3 将圣女果入碗，加入荷兰豆、盐、橄榄油、沙拉酱、巴旦木仁，拌匀。
- 4 盛出拌好的沙拉，装碗即可。

荷兰豆要焯煮至熟透，以免发生中毒的状况。

水果洋芋沙拉

材料

土豆、梨块、苹果块、芒果块、西瓜块各100克，生菜适量

调料

盐2克，果味酒、沙拉酱各适量

做法

- 1 生菜洗净。
- 2 土豆洗净，去皮切块，入锅，加盐焯熟，捞出沥水，与生菜和其他水果一起放入盘中摆放好。
- 3 倒入适量的果味酒拌匀，食用时蘸取沙拉酱即可。

新手注意

皮色发青或发芽的土豆不能食用，以防中龙葵素毒。

水果豆腐沙拉

材料

橙子40克，日本豆腐70克，猕猴桃30克，圣女果25克

调料

酸奶30毫升

做法

- 1 日本豆腐切棋子块；猕猴桃去皮洗净，切片；圣女果、橙子洗净，均切片。
- 2 向锅中注水烧开，放入日本豆腐煮熟。
- 3 把煮好的日本豆腐捞出，装盘。
- 4 把切好的水果放在日本豆腐块上，淋上酸奶即可装入盘中。

新手注意

酸奶不宜加太多，以免掩盖豆腐和水果本身的味道。

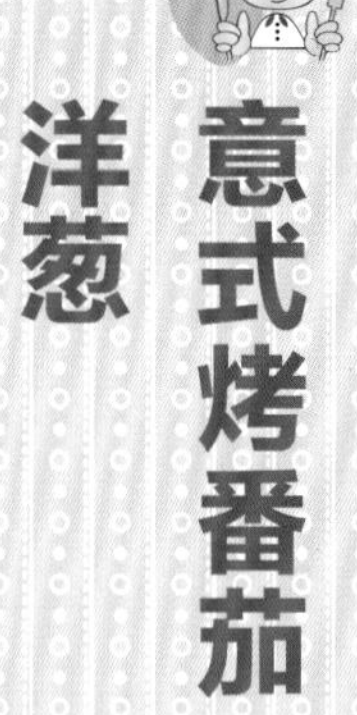

意式烤番茄洋葱

材料

番茄2个，洋葱1个，紫洋葱1个

调料

罗勒粉5克，有机橄榄油10克，精盐3克

做法

- 1 番茄用清水洗净后，平切成约1厘米的厚度。
- 2 将洋葱和紫洋葱洗净，平放切成与番茄一样的大小与厚度。
- 3 将切好的食材装盘，撒上罗勒粉，倒入有机橄榄油，混合放置约10分钟。
- 4 向锅中注入适量的有机橄榄油烧热，入番茄、洋葱和紫洋葱煎烤，在煎烤时再撒上少许精盐。小火煎至食材熟软之后盛出装盘，放上新鲜的罗勒叶装饰即可。

新手注意 将罗勒粉撒在番茄和洋葱上，适当地煎烤后可以让罗勒粉的香味附着在番茄和洋葱上，这样的做法除了可以增加食物的香味外，还可以抑制洋葱浓厚的刺鼻味，是相当适合搭配红酒的主菜。

奶酪五彩烤南瓜盅

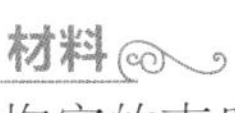

材料

掏空的南瓜盅1个，酱豆干粒、胡萝卜粒、青彩椒粒、黄彩椒粒、美心萝卜粒各少许

调料

盐3克，奶酪粉、黄油各适量

做法

•1 将炒锅置于火炉上，倒入适量的黄油，放入酱豆干粒、胡萝卜粒、美心萝卜粒、黄彩椒粒、青彩椒粒。

•2 撒入盐，翻炒1分钟至全部食材入味，将炒好的食材倒入南瓜盅内。

•3 撒入奶酪粉，将南瓜盅放入烤盘。

•4 将烤箱温度调成上下火220℃，把烤盘放入烤箱中，烤8分钟至熟，取出烤好的南瓜盅，并放在盘中即可。

新手注意 全部蔬菜都要切成小粒状，否则在装入南瓜盅时，容易掉出来。挑选南瓜的时候，以大小适中、颜色较鲜红的为佳，这样烘烤出来的南瓜盅才会更加精致、美观。

烤茄子红椒卷

材料

茄子250克，红椒200克，百里香少许

调料

盐3克，黑胡椒粉少许，烧烤酱、橄榄油各适量

做法

- 1 茄子用清水清洗干净，纵向切成薄片。
- 2 红椒洗净对半切开，去籽，用刀面压平，再切成与茄子相同大小的形状。
- 3 将茄子片摆放在烤网上，刷上一层橄榄油，撒上适量的盐和黑胡椒粉；红椒片整齐地放在茄子片上，刷上一层橄榄油和烧烤酱，撒上适量的盐和黑胡椒粉。
- 4 放入预热为180℃的烤箱烤10分钟。
- 5 取出后用烧烤夹将茄子红椒卷起来，放在盘中，撒上百里香即可。

新手注意　在使用烤箱时，最好提前将烤箱预热，否则烤的过程中，就会受热不均匀，有的煳掉有的还没烤熟。

烤蔬菜

材料

西葫芦200克，茄子200克，红甜椒100克，黄甜椒100克，圣女果50克，洋葱50克，迷迭香、百里香各少许

调料

盐6克，橄榄油、烧烤酱各适量，黑胡椒粉少许

做法

- 1 西葫芦、茄子洗净切成长薄片。
- 2 黄甜椒、红甜椒洗净切成长形大块；洋葱洗净切成圆片；圣女果洗净，待用。
- 3 将洗净切好的食材摆放在烤网上，刷上橄榄油、盐、烧烤酱、黑胡椒粉。
- 4 烤箱预热150℃约5分钟，放入烤网，烤10分钟。
- 5 取出，撒上净迷迭香和百里香即可。

新手注意　在烤蔬菜之前，先在烤网上刷一层薄薄的橄榄油，这样烤出来的蔬菜就不容易粘在烤网上，也不易煳。

烤花菜沙拉

材料

花菜200克，菠菜叶50克，牛至叶15克

调料

橄榄油10毫升，盐3克，柠檬汁少许，蒜片5克

做法

- 1 将花菜用清水洗干净，用刀将其切成小朵。
- 2 牛至叶洗净切末待用。
- 3 将花菜、牛至叶与蒜片放入碗中，加入盐、柠檬汁与橄榄油拌匀。
- 4 花菜放入烤盘中，将烤箱温度调成上火180℃，下火180℃，烤10分钟至熟。
- 5 将烤好的花菜与洗净的菠菜叶搅拌均匀即可。

新手注意 **将花菜放入烤箱内烤制，最好烤至其呈现微焦色后再取出，这样烤出来的花菜会特别好看、美观。**

烤蘑菇

材料

蘑菇200克，香芹叶少许

调料

橄榄油、蒙特利调味香料适量，盐5克，白胡椒粉适量

做法

- 1 蘑菇用清水清洗干净，再用刀将其切成薄片。
- 2 将切好的蘑菇片倒入烤盘中，然后在其表面淋入少许橄榄油，再加入盐和白胡椒粉，轻轻搅拌均匀，加入适量的蒙特利调味香料拌匀。
- 3 烤盘用锡箔纸包裹好，放入预热为180℃的烤箱中，烤制5分钟，取出装盘，撒入少许净香芹叶装饰即可。

新手注意 **蘑菇在烘烤的时候会出水，可以在烤制过程中将水倒掉。另外，在烤蘑菇时，加入少许蒜末烤会更香。**

蒜蓉烤茄片

材料

茄子250克

调料

黑胡椒粉10克，辣椒粉8克，烧烤汁10毫升，盐、橄榄油各适量，蒜蓉、新鲜茴香各少许

做法

•1 将茄子洗净，切成薄片，放入碗中，加入蒜茸，撒入盐、黑胡椒粉、辣椒粉，倒入烧烤汁、橄榄油，拌匀，腌渍10分钟至茄片入味。

•2 将烧烤架上刷上适量的橄榄油，依次放入茄片，不断翻烤，至六七成熟。

•3 刷上适量的橄榄油，翻转着撒入盐、黑胡椒粉、辣椒粉，续烤1分钟至熟。

•4 将烤好的切片装入盘中，撒上适量的新鲜茴香即可。

茄子最好切薄一些，这样可以更快地将茄片烤熟，节省时间，而且更加入味。

葡萄醋烤蔬菜

材料

茄子200克，节瓜150克，红甜椒20克

调料

葡萄醋10克，橄榄油5克，盐3克，苣30克

做法

•1 将茄子洗净，切成长块；红甜椒切开去籽，洗净，再切成长块，备用。

•2 将节瓜洗净，切成片，撒上少许盐，拌匀，备用。

•3 把茄子、节瓜和红甜椒放入盘中，再将葡萄醋均匀撒在蔬菜上，放置一边10分钟至入味。

•4 将茄子、节瓜、红甜椒依次放入热油锅煎香，捞出，装入盘中，再将菊苣均匀撒在盘子的四周。

新手注意

这道菜若用榛子油来进行煎烤，可以让蔬菜的口感更加爽口。

香烤土豆

材料

土豆250克

调料

罗勒叶、意大利综合香料各5克，迷迭香3克，盐、黑胡椒粉、葡萄籽油、水各适量

做法

- 1 将土豆去皮，用清水洗净后，切成8等份，备用。
- 2 往锅里注入适量的清水，用大火煮沸后，将土豆放入锅中，加入适量的盐，焯煮8分钟至熟。
- 3 将煮熟的土豆装盘，加入罗勒叶、意大利综合香料、迷迭香、黑胡椒粉、葡萄籽油，拌匀后，摆放一边约20分钟，至土豆入味。
- 4 将步骤3中的土豆放入烤箱内以160℃烤约20分钟即可。

新手注意 **土豆不能与红薯存放在一起，若二者存放在一起，不是红薯僵心，便是土豆长芽，因此不宜一起存放。**

盐焗土豆

材料

土豆2个

调料

法式奶油酱30克，迷迭香10克，奶油35克，盐、橄榄油各适量

做法

- 1 土豆洗净，对半切开，再切成大块。
- 2 在土豆块上撒入适量的盐，抹匀，加入迷迭香，淋入奶油，抹匀，腌渍15分钟。
- 3 在烤盘内铺上一层锡箔纸，刷一层薄薄的橄榄油，把腌渍好的土豆块放入烤盘中，放入烤箱，温度调成上下火220℃，烤约20分钟，至土豆块呈金黄色。
- 4 从烤箱中取出烤盘，将烤好的土豆块装入碗中，配上法式奶油酱蘸食即可。

新手注意 **处理好的土豆，最好先用调料腌渍一会儿，这样烘烤后的土豆才更加美味。**

six

第六道菜是甜品

西餐的甜品一般在主菜之后食用，可以算做是第六道菜。从真正意义上讲，它包括所有主菜后的食物，深受着人们的喜爱和欢迎，而且普及广泛，各地都出现了极具代表性的甜品，算得上是人间美食。

马卡龙

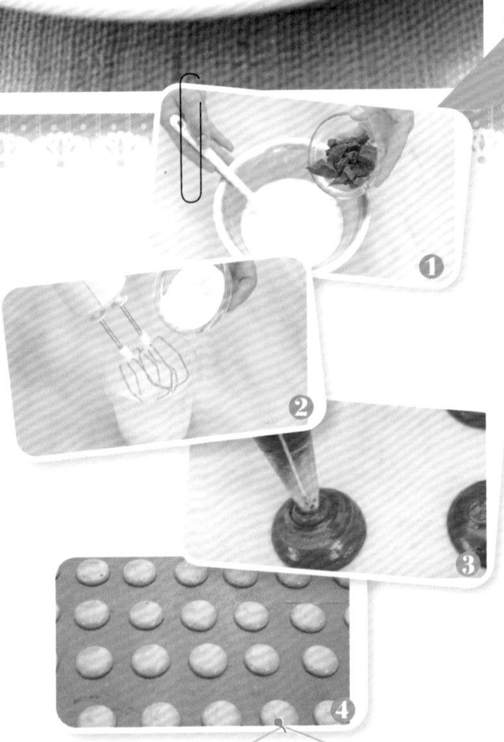

材料

马卡龙：蛋白165克，糖粉75克，杏仁粉156克，可可粉25克

夹心：调温巧克力250克，可可脂20克，鲜奶油100克，麦芽糖10克，无盐奶油25克

做法

• 1 将鲜奶油和麦芽糖隔水溶化，加入调温巧克力、可可脂、无盐奶油拌匀。

• 2 蛋白打发，加糖粉打至起尖角状。

• 3 将过筛的杏仁粉、可可粉、糖粉加入2中拌匀，在烤盘上挤出圆形。

• 4 静置30分钟再放入烤炉，以上火180℃、下火150℃，烤15分钟再将拌好的夹心馅挤到两块马卡龙中间，做为夹心。

新手注意

马卡龙面糊如果太稠，可加打发的蛋白调节；过稀则可加杏仁粉。

提拉米苏

材料

蛋黄3个，细砂糖120克，蛋糕2片，马斯卡彭奶酪250克，奶油200克，朗姆酒5毫升，柠檬汁6毫升，可可粉6克，咖啡粉10克，吉利丁片1片，咖啡酒5毫升

做法

- 1 马斯卡彭奶酪搅打松软，加朗姆酒、柠檬汁拌匀；蛋黄、细砂糖、吉利丁片混合，隔水拌至溶化；将奶油和剩余的细砂糖打至起泡。
- 2 打好的奶酪、蛋黄和奶油混匀成奶酪糊；咖啡粉加热水混匀后加咖啡酒，涂在入模的蛋糕中，倒入奶酪糊，放上蛋糕，依次叠上三层。
- 3 冷藏4小时，筛入可可粉装饰即可。

新手注意 马斯卡彭奶酪容易搅拌过度，要用手动打蛋器轻轻地搅拌均匀，否则很容易出水，变成豆腐渣。

优格吐司蜜桃派

材料

优格50克，吐司面包2片，罐头水蜜桃2片，草莓2个，猕猴桃半个，蓝莓适量，奶油奶酪10克，砂糖30克

做法

- 1 吐司面包斜切成三角形，涂上奶油奶酪，放入烤箱中烤成金黄色。
- 2 平底锅中放入水及砂糖，以小火煮成糖浆，待凉。
- 3 罐头水蜜桃切片；猕猴桃洗净，去皮并切片；草莓洗净，对切一半；蓝莓洗净备用。
- 4 将优格抹在烤好的吐司面包上，放上水蜜桃、草莓、蓝莓，淋上糖浆，再排入猕猴桃即可。

新手注意 如果喜欢香浓的口感，烤吐司之前可以抹适量黄油；夏天还可以把它放在冰箱中冷藏后食用。

苹果派

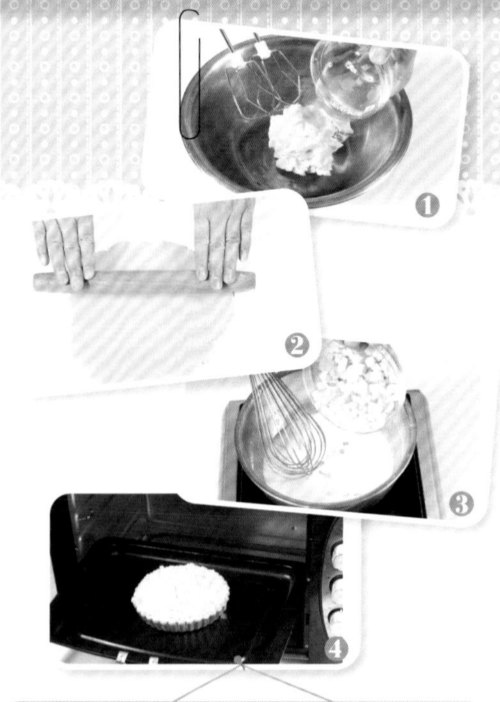

材料

A：派皮　奶油225克，糖浆165克，蛋黄5个，低筋面粉555克，奶香粉6克，吉士粉30克，柠檬皮少量

B：苹果馅　清水150毫升，奶粉30克，粟粉30克，砂糖50克，奶油20克，苹果粒200克，香酥粒120克

做法

- 1 将A部分的奶油、糖浆混匀，分次加入蛋黄、低筋面粉、奶香粉、吉士粉和柠檬皮，拌匀成面团。
- 2 将面团倒在案台上，擀薄卷起，铺在派模内，压平边皮，用叉扎孔备用。
- 3 将B部分除香酥粒外所有材料混合煮熟，倒入派模内，然后撒上香酥粒。
- 4 入炉以150℃温度烘烤，约40分钟熟透后出炉脱模即可。

新手注意 在派皮的表面撒上香酥粒主要是为了吸收苹果馅中渗出的水分，还可以为面点增加风味。

香蕉柠檬蛋挞

材料

蛋挞皮12个，香蕉4条，柠檬1个，蛋黄3个，鲜奶油1大匙

做法

• 1 首先要将蛋挞皮准备好，蛋挞皮在一般制作面包的材料专卖店都可以轻易买到。

• 2 将准备好的香蕉剥去外皮，用刀将其果肉切成薄片，然后将洗净的柠檬横切成4等份的圆形薄片。

• 3 取一个干净的盆，将准备好的蛋黄和鲜奶油倒入盆中，然后用搅拌器搅拌均匀。

• 4 将香蕉和柠檬摆入蛋挞皮中，再将步骤3所制作的蛋黄和鲜奶油倒上，放入烤箱以150℃烤约20分钟。

新手注意 由于烤箱有很多规格，烘烤时间要依个人烤箱而定，烤至派表面均匀上色即可；如果不喜欢香蕉或者柠檬，可依据个人口味换成自己喜欢的水果，也可选择应季水果灵活代替。

炸香蕉红豆

材料

香蕉150克，红豆100克，蛋黄40克，烹调用纸适量，盐、细砂糖各少许

做法

- 1 将备好的香蕉去除外皮，切成均匀的段；红豆洗净，浸泡20分钟；蛋黄加盐搅匀。
- 2 向锅中注入适量的清水，然后放入红豆煮熟，捞出沥干水分，再加入细砂糖将其拌匀。
- 3 将烹调用纸铺平，放上香蕉、红豆后包好，在末端抹上适量的蛋黄，即成香蕉卷。
- 4 起油锅，待油热后放入香蕉卷，炸熟即可。

将细砂糖放入碗，在锅边边拌边加热，直至细砂糖溶化，然后再放入煮熟的红豆中，可减少制作时间。

香蕉豌豆炸面团

材料

香蕉100克，熟豌豆50克，面粉、牛奶、蛋液各适量，白糖少许

做法

- 1 将香蕉去皮，用刀将果肉切成丁；取一个干净的大碗，将备好的面粉、牛奶、蛋液与白糖一起倒入其中，然后将其拌成面糊。
- 2 将处理好的香蕉、熟豌豆一起放入到装有面糊的碗中，再将其搅拌均匀成面团。
- 3 向锅中注入适量的食用油，将其烧至七成热。
- 4 再用汤匙一勺一勺地舀出面团，放入锅中炸熟即可。

向调制的香蕉豌豆面糊中加入适量的猪油或色拉油，可使炸出的面团更加酥脆、酥香、胀发饱满。

巧克力酱浇香梨

材料

香梨200克，黑巧克力80克，椰子片10克

做法

•1 将香梨洗净，削皮，但要保持完整的形状与蒂柄。

•2 取一个干净的盘子，把处理好的香梨放到盘中。

•3 黑巧克力装入碗中，隔水煮至全部溶化。

•4 将溶化的黑巧克力液均匀地浇在盘中的香梨上。

•5 将备好的椰子片均匀地撒在梨上即可食用。

新手注意 选梨，首先要看梨的品种，品种不同其口味也各异；其次要挑选花脐处凹坑深，外表无锈斑的梨。

奶酪包

材料

蛋清、蛋黄各100克，猪肉50克，芹菜、胡萝卜各30克，奶酪、绿豆粉各适量

调料

盐、胡椒粉、葱各少许

做法

•1 蛋清、蛋黄分别装一碗内，加入盐、绿豆粉搅成蛋液；猪肉洗净剁碎；芹菜、胡萝卜均洗净切细丝；葱洗净，切段。

•2 油锅烧热，倒入蛋液煎熟，制成蛋皮；将猪肉、芹菜、奶酪、胡萝卜用胡椒粉、盐抓匀，做成馅。

•3 将馅放入蛋皮中包好，用葱扎口，上蒸笼蒸熟即可。

新手注意 绿豆粉可由料酒调制的生粉替代，生粉则使鸡蛋皮有弹性，不易破；料酒可去其腥味，使之更易成型。

苹果果冻

材料

牛奶200毫升，苹果汁50毫升，细砂糖65克，吉利丁粉12克，水360毫升，打发淡奶油100克，苹果丁250克，果冻粉15克，小红莓适量

做法

- 1 将吉利丁粉和60毫升水调匀；牛奶加热至80℃。
- 2 加入苹果汁，搅拌均匀，冷却至手温，然后加入打发淡奶油，拌匀后，倒入备好的果冻杯，至六分满，放入冰箱冻凝固。
- 3 将果冻粉和糖混合均匀，加入300毫升水，搅拌均匀后煮开，加入苹果丁煮软，倒入圆杯内，放入冰箱冻凝固。
- 4 从冰箱中取出圆杯，脱模后放入布丁杯表面，再放上小红莓装饰即可。

新手注意 在做苹果果冻之前，苹果最好先用清水冲洗干净，并去皮、去心，再用刀切成小丁，放入盐水中浸泡，以免苹果氧化变色。还有果冻做好后不能放入急冻冰箱，否则会有冰渣。

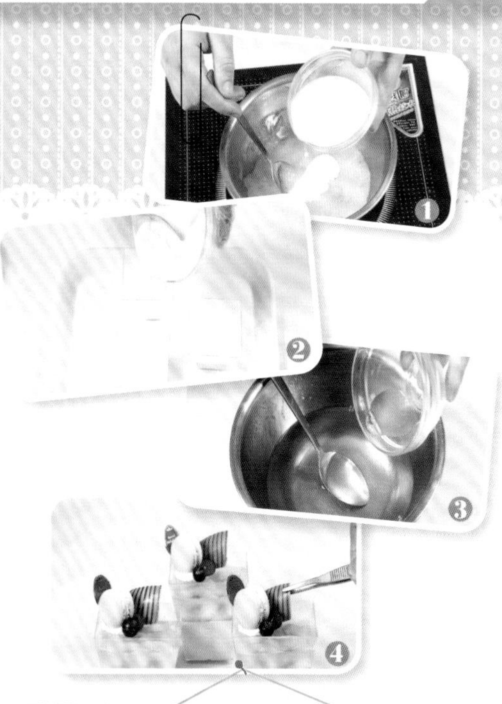

香蕉牛奶果冻

材料

柠檬汁15毫升，牛奶30毫升，水150毫升，香蕉肉95克，吉利丁5克，打发淡奶油85克，细砂糖50克，香蕉片适量，果冻粉5克，马卡龙饼干、干果、巧克力片各适量

做法

• 1 将香蕉肉打成泥糊状加入糖，加热至糖溶化，加入牛奶、泡软的吉利丁、5毫升柠檬汁，拌匀，冷却至手温。

• 2 分次加入打发淡奶油，拌匀，倒入果冻杯，至5分满，放入冰箱冻凝固。

• 3 将果冻粉和糖，拌匀，注水煮沸，加入柠檬汁，拌匀成果冻液。

• 4 将香蕉片放入果冻杯内，倒入果冻液，放入冰箱冻凝后取出，放上马卡龙饼干、干果和巧克力片装饰即可。

新手注意

挑选较为熟的、没有黑斑的、肥大饱满的香蕉为最佳，口感更软糯。

不需要把香蕉放入冰箱中保存，常温下即可。还有香蕉容易氧化，因此剥了皮的香蕉不能放太长时间。

咖啡欧蕾果冻

材料

水250毫升，细砂糖30克，即溶咖啡粉5克，果冻粉15克，牛奶200毫升，炼奶20克，吉利丁10克，打发鲜奶油65克，巧克力配件、透明果膏各适量

做法

- 1 将糖、咖啡粉、果冻粉一起拌匀，加水煮开，倒入封好保鲜膜的方形模具中，放入冰箱冻凝固。
- 2 将牛奶和炼奶加热，放入泡软的吉利丁，拌至溶化，放凉成奶冻；将冻好的果冻脱模，切四方丁，再放入模具。
- 3 取部分奶冻倒入模具，入冰箱冻凝固；剩余奶冻加咖啡粉加热后，放凉。
- 4 加入打发鲜奶油，拌匀，倒入模具，再入冰箱冻凝固，取出，摆上巧克力配件，并刷上透明果膏即可。

新手注意 咖啡果冻的咖啡粉可以根据个人口味适量地添加。由于果冻粉的品牌不同凝固性也不同，所以果冻粉的量要控制好，还有果冻液要煮至无颗粒状，才可倒入模具内，否则会凝固不好。

红酒雪梨冻

材料

雪梨2个，细砂糖45克，果冻粉5克，蜂蜜30克，红酒200毫升，水200毫升，优格、巧克力旋条、薄荷叶各适量

做法

• 1 将雪梨去皮洗净，对半切开，去心、去籽，切成小块，倒入锅内，加入适量的水，煮软。

• 2 加入糖，搅拌均匀，再加入红酒，用小火煮10分钟。

• 3 将果冻粉加入适量的水，调匀，再加入拌好的雪梨水内，拌至溶化，制成红酒雪梨果冻液。

• 4 将红酒雪梨果冻液倒入备好的果冻杯内，放入冰箱冻凝固后取出，淋上少许优格，放上薄荷叶和巧克力旋条装饰即可。

新手注意 雪梨要去皮、去心，切小块，再放入柠檬水中浸泡，防止氧化。果冻粉要和它分量5倍的冷水调匀，不能用温水或热水，否则在搅拌的过程中，会出现硬块。

柳橙果冻

材料

浓缩橙汁20毫升，细砂糖100克，清水250毫升，果冻粉20克

做法

• 1 将清水倒入奶锅中，大火煮至沸腾，调小火。

• 2 把细砂糖与果冻粉倒入锅中搅拌，煮至砂糖全部溶化。

• 3 再把浓缩橙汁倒入锅中，搅拌均匀后关火。

• 4 将煮好的果冻水倒入容器中，五分满即可，静置30分钟至果冻成型。

• 5 将容器中的果冻倒扣在果冻盘上即完成制作。

新手注意

果冻粉的溶解温度不宜过高，最高不得超过95℃，否则易造成凝胶反应，所以煮沸后要稍冷却再加果冻

焦糖果冻

材料

细砂糖130克，热水125毫升，果冻粉10克，蛋黄30克，牛奶240毫升，柠檬汁8毫升

做法

• 1 将50克糖煮至焦色，倒入热水中，拌匀；将3克果冻粉加入适量的冷水调匀，再倒入拌好的糖水中，煮至溶化，制成焦糖液。

• 2 将焦糖液倒入布丁杯内，放入冰箱冷藏至凝固，备用。

• 3 将蛋黄、80克糖拌匀，加入牛奶中，拌匀后隔热水煮至浓稠，加入调好水的7克果冻粉，拌至溶化，加入柠檬汁，拌匀，成果冻液。

• 4 取出布丁杯，倒入拌好的果冻液，冻凝固后脱模，装入盘中即可。

新手注意

糖煮成焦糖的时候，最好要用小火慢慢地熬煮，还要一边晃动锅，一边搅拌。

巧克力布丁

材料

牛奶150毫升，淡奶油100克，蛋黄80克，细砂糖50克，可可粉20克，草莓1颗，香草冰激凌120克，打发鲜奶油适量

做法

- 1 将牛奶、可可粉、淡奶油加热拌匀。
- 2 将蛋黄和糖用电动搅拌器打至发白，加入步骤1中，拌匀，即成布丁液。
- 3 将布丁液过筛两遍，把颗粒过滤掉，再倒入准备好的模具，至八分满。
- 4 模具放入烤箱以160℃隔水烤45分钟。
- 5 将香草冰激凌加热溶化，倒入碗中；草莓洗净，对半切开。
- 6 从烤箱中取出模具，脱模至盘中，淋入溶化好的香草冰激凌，在表面挤入打发鲜奶油，放上切好的草莓即可。

新手注意 如果想要巧克力味道更浓郁一些，可以用溶化好的黑巧克力液代替可可粉。

香橙牛奶布丁

材料

牛奶200毫升，苹果汁50毫升，水60毫升，细砂糖65克，淡奶油50克，吉利丁粉12克， 香橙果酱适量

做法

- 1 将吉利丁粉加水调匀。
- 2 将牛奶加热至80℃，加入步骤1中，拌匀至溶化。
- 3 加入苹果汁和糖，拌匀后，冷却至手温，备用。
- 4 加入淡奶油，搅拌均匀，制成牛奶布丁液。
- 5 将牛奶布丁液倒入布丁杯中，至八分满，放入冰箱冻凝固。
- 6 从冰箱中取出布丁杯，脱模至盘中，淋上香橙果酱即可。

新手注意 香橙牛奶布丁里的牛奶也可以用奶粉代替，只要将奶粉加入热水调匀即可，奶香味更浓郁些。

大理石布丁

材料

奶油奶酪250克，细砂糖75克，生粉10克，鸡蛋2个，淡奶油175克，巧克力酱、透明果膏各适量

做法

• 1 将奶油奶酪隔热水软化，加入糖，搅拌均匀，至全部材料溶化。

• 2 分次加入鸡蛋，搅拌均匀，加入生粉，拌匀。

• 3 再加入淡奶油，拌匀后，用筛网过筛，让其更加细腻，即成布丁液，倒入模具内，至八分满，并在表面用巧克力酱划上乱纹。

• 4 将模具放入烤箱中，以160℃隔水烤35分钟左右，取出冷却，并放入冰箱中冷冻2小时后，脱模，在其表面抹上透明果膏装饰即可。

新手注意 烤箱要先预热10分钟，再将布丁模放入有水的烤盘内进烤箱烘烤。淡奶油在加入其他材料一起混匀时，最好先将其加热至60℃，否则融合效果会不佳。

南瓜布丁

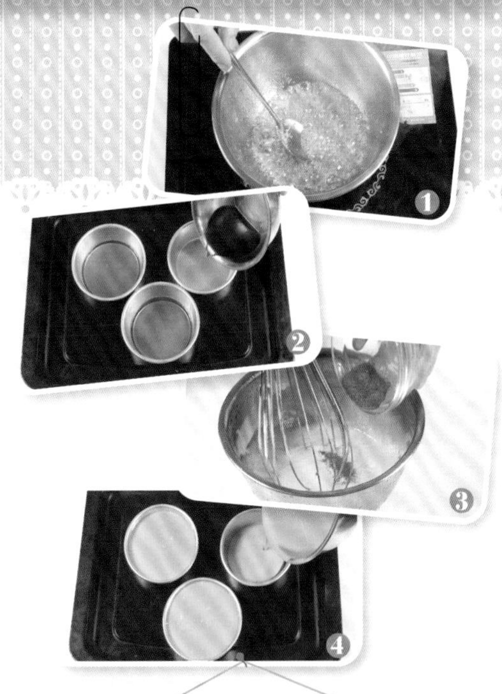

材料

细砂糖60克，水150毫升，果冻粉5克，南瓜泥175克，牛奶150毫升，炼乳130克，鸡蛋3个，玉桂粉少许，淡奶油50克，黄油少许

做法

• 1 将糖加水煮至焦色。

• 2 将果冻粉加入适量水调匀，倒入步骤1中，再煮溶化即可，倒入抹了黄油的布丁模底部1/4高，放入冰箱冻至凝固。

• 3 将牛奶温热至60℃，加入淡奶油，拌匀；鸡蛋打散，加入炼乳、玉桂粉，拌匀，倒入拌好的牛奶中，加入南瓜泥，拌匀后过筛，即成南瓜液。

• 4 将南瓜液倒入模具内，放入烤箱以150℃烤50分钟，取出脱模即可。

新手注意 煮好的南瓜液最好用筛网过筛两遍，这样可以将杂质和颗粒过滤掉，让南瓜液更细腻。南瓜要去皮、去籽，再切成小丁块状，这样才能容易煮烂。

芦荟布丁

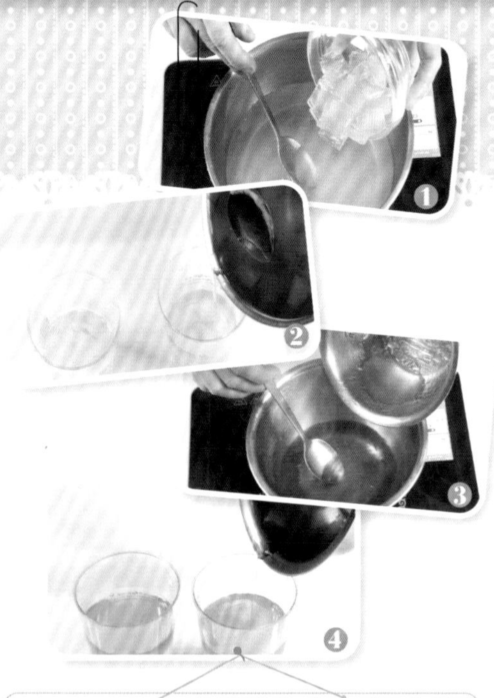

材料

果冻粉12克，细砂糖105克，水485毫升，芦荟丁适量，苹果醋80毫升，吉利丁粉3克，薄荷叶、巧克力配件各适量

做法

• 1 将450毫升水和90克糖倒入奶锅中，加热煮沸，倒入芦荟丁（留少许备用），煮开后搅拌均匀。

• 2 将果冻粉和15毫升水调匀，加入到步骤1中，拌至溶化，倒入到布丁杯中，再放入冰箱冻至凝固。

• 3 吉利丁粉加20毫升水调匀；苹果醋加15克糖混合后拌匀，加热至糖溶化，将调好的吉利丁水加入拌匀。

• 4 将步骤3倒入步骤2的杯中，再放入冰箱冻至凝固；在布丁的表面放上芦荟丁、薄荷叶、巧克力配件装饰即可。

新手注意 吉利丁粉要用冷水调开。芦荟有苦味，加工前应去掉绿皮，水煮3～5分钟即可去掉苦味。布丁液放入冰箱冷冻前，最好用保鲜膜封好，以防表面结皮成块。

咖啡布丁

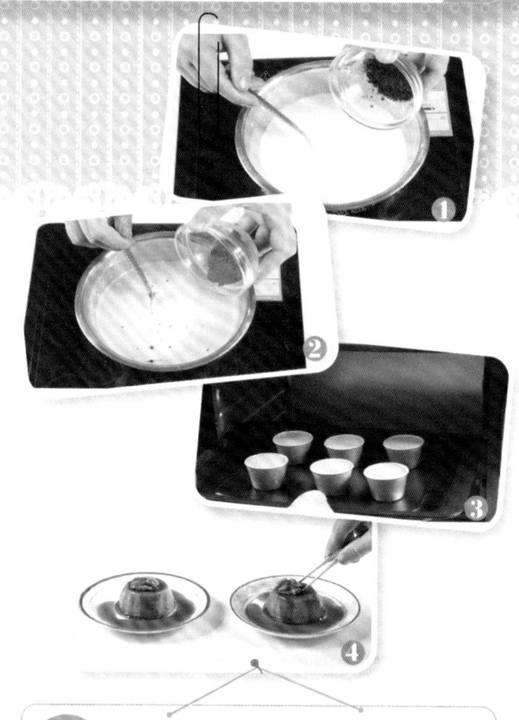

材料

鸡蛋5个，蛋黄15克，牛奶190毫升，即溶咖啡5克，肉桂粉1克，细砂糖65克，水、核桃仁各适量

做法

• 1 将牛奶温热加入15克糖拌至溶化，再加入咖啡拌溶化。

• 2 加入肉桂粉，拌匀，倒入鸡蛋、蛋黄拌匀后，过滤掉杂质，倒入模具，至八分满；将50糖和适量水加热至糖溶化，即成焦糖液，备用。

• 3 将模具放入150℃烤箱中，隔热水烤40分钟左右后。

• 4 从烤箱中取出模具，冷却后放入冰箱，冷冻至凝固；再从冰箱中取出模具，脱模至盘中，在其表面放上核桃仁，然后淋入煮好的焦糖液即可。

新手注意 看布丁是否烤熟，可用手轻轻地按压一下布丁面，如果已凝固则会弹起，没有凝固的话，表皮很容易破开。加热牛奶的时候，温度最好保持在40℃左右。

杨梅果冻布丁

材料

糖渍杨梅150克，水195毫升，细砂糖55克，果冻粉5克，杨梅汁100克，吉利丁粉5克，淡奶油75克，杨梅酒10克，薄荷叶、杨梅各适量

做法

- 1 糖渍杨梅加150毫升水煮软，将杨梅子剥出，留汁留肉；加35克糖拌至溶化。
- 2 果冻粉加水调匀，倒入步骤1中煮溶化，加50克杨梅汁拌匀，倒入模具冻凝固。
- 3 将20克糖和45毫升水煮沸，加吉利丁粉调匀，加入糖水中煮溶。
- 4 将50克杨梅汁和杨梅酒倒入步骤3中拌匀，冷却，再加入淡奶油拌匀。
- 6 将步骤4倒入步骤2中的模具内再放入冰箱冻凝固，拿出脱模，装饰杨梅和薄荷叶即可。

新手注意 淡奶油可以不用打发，直接加入拌匀即可。做好的布丁液要先冷却，然后再放入冰箱，否则会有冰渣。

绿茶布丁

材料

绿茶粉100克，鲜奶450毫升，布丁粉75克，细砂糖400克，清水500毫升

做法

- 1 先将奶锅中注入适量的清水，再放入备好的细砂糖，用搅拌器拌匀慢慢煮热。
- 2 将布丁粉加入到煮有细砂糖的奶锅中，慢慢搅拌均匀。
- 3 再取出备好的鲜奶，加入到锅中，轻轻搅拌均匀，最后取出绿茶粉，加入到锅中，搅拌均匀；将煮好的材料，倒入到洗净的模具，冷却整成型。
- 4 将模具放入冰箱中，冷藏一会儿至冰凉，扣出布丁，放入备好的盘中，可以加一些樱桃装饰一下，即可食用。

新手注意 在煮布丁浆的时候一定要用工具搅拌均匀，这样才能使布丁的口感更顺滑。

蔓樾莓布丁

材料

蔓樾莓50克，牛奶150毫升，吉利丁粉5克，淡奶油300克，香草粉4克，细砂糖50克，水125毫升，玉米粉15克，蔓樾莓果酱、椰丝各适量

做法

•1 将淡奶油温热加入香草粉，拌匀，加入30克糖，拌匀至溶化。

•2 将吉利丁粉加25毫升水拌匀，倒入步骤1中，再加入牛奶，拌匀，倒入布丁杯内至八分满，放入冰箱冻凝固。

•3 将20克糖、玉米粉和100毫升水调匀煮沸，加入蔓樾莓，搅拌均匀，倒入布丁杯内，放入冰箱冻凝固。

•4 取出布丁杯，脱模至盘中，表面淋入蔓樾莓果酱，撒上椰丝即可。

将糖、香草粉和淡奶油放入锅中煮的时候，要边煮边不断地搅拌，以防结块。

蓝莓牛奶布丁

材料

牛奶100毫升，酸奶100毫升，吉利丁片2片，蓝莓60克，细砂糖10克

做法

•1 将吉利丁掰成小片，然后放入装有牛奶的碗中。

•2 将细砂糖加入装有牛奶的碗中。

•3 向锅中注入清水烧开，将碗放入锅中，隔水溶化吉利丁片和细砂糖，将碗取出。

•4 牛奶吉利丁液稍凉后，加入酸奶，用筷子拌匀。

•5 将蓝莓洗净，取部分蓝莓用木棍轻轻打碎，加入到牛奶液中，搅拌均匀。

•6 将蓝莓布丁液倒入模具里，入冰箱冷藏凝固，取出脱模至盘中，放上剩余的蓝莓装饰即可。

在溶化吉利丁片和细砂糖的时候，要用小火慢慢地煮，而且不断地搅拌，否则容易煮糊。

焦糖布丁

材料

细砂糖240克，水40毫升，热水10毫升，鸡蛋3个、蛋黄30克，牛奶500毫升，醋栗、蛋白薄脆饼各少许

做法

•1 将200克细砂糖、冷水用小火煮至琥珀色，加入热水，拌匀，倒入模具。

•2 将牛奶和40克细砂糖倒入奶锅中，小火煮至细砂糖溶化，放凉后加入鸡蛋与蛋黄，拌匀，过筛两遍，即成布丁液，倒入模具。

•3 将模具放入烤盘，在烤盘中倒入适量水，并入烤箱，以上火180℃、下火170℃烤20分钟。

•4 取出烤盘，放凉入冰箱冷藏1小时后脱模至盘中，摆上蛋白薄脆饼，放上醋栗装饰即可。

新手注意 烤布丁时，若表皮凝固，则表明布丁已经烤熟了，这时就要从烤箱中取出布丁。

香草焦糖布丁

材料

细砂糖200克，冷水40毫升，热水10毫升，鸡蛋4个，蛋黄45克，牛奶600毫升，细砂糖50克，香草粉5克

做法

•1 先将细砂糖200克加冷水用小火煮至琥珀色,加入热水,拌匀,倒入模具。

•2 将牛奶和细砂糖50克倒入奶锅中，小火煮至细砂糖溶化，加入香草粉拌匀，放凉后加入鸡蛋与蛋黄，拌匀，过筛两遍，即成布丁液，倒入模具。

•3 将模具放入烤盘，在烤盘中倒入适量的水，以上火180℃、下火170℃烤20分钟至液体凝固成型。

•4 放凉后放冰箱冷藏1小时后，脱模至盘中即可。

新手注意 往模具内倒入布丁液之前，可以在模具底部和边壁抹上一层黄油，这样比较容易脱模。

焦糖牛奶布丁

材料

蛋黄30克，牛奶250克，细砂糖60克

做法

• 1 将锅置于火上，倒入糖，加入适量的清水，用小火煮至糖溶化，待颜色变深时，加入热水，搅拌均匀，即成焦糖液。

• 2 将煮好的焦糖液倒入备好的布丁杯里，放入冰箱，冷藏20分钟至凝固。

• 3 将蛋黄、牛奶、糖隔水溶化，用筛网过滤2遍至另一容器内。

• 4 从冰箱中取出布丁杯，倒入拌好的牛奶液，待稍凉后放入冰箱冷藏3小时。

• 5 再从冰箱中取出布丁杯，脱模，倒扣在盘中即可。

糖煮成焦糖要用小火，稍冷后再倒热水，温度太高易烫伤手；脱模时可用热毛巾捂住，以方便脱模。

烤芒果布丁

材料

淡奶油150克，细砂糖30克，芒果泥100克，蛋黄3个，香草粉少许，芒果丁、透明果胶适量

做法

• 1 淡奶油加热至80℃，与芒果泥拌匀。

• 2 将蛋黄和糖拌匀打散，再加入香草粉拌匀。

• 3 将步骤1加入步骤2中拌匀。

• 4 将步骤3倒入到备好的模具中八分满即可。

• 5 将模具放入烤箱，以160℃隔水烤40分钟左右取出，冷却备用。

• 6 在步骤5的表面放上一颗芒果丁，淋上透明果胶即可。

芒果切成四方丁，用火枪烤至稍有焦色再装饰；用塔吉锅做这道甜品比用烤箱烤制的布丁更柔软香甜。

巧克力布丁

材料

鸡蛋2个，蛋黄2个，无盐奶油100克，黑巧克力90克，糖粉60克，低筋面粉50克，白兰地适量

做法

•1 将黑巧克力隔热水加热至其完全溶化，再加入适量的无盐奶油，搅拌至完全和巧克力融合，待用。

•2 将鸡蛋、蛋黄和糖粉打至发白稍稠加入步骤1中拌匀。

•3 将低筋面粉加入步骤2中拌匀，再加入白兰地拌匀。

•4 将步骤3挤入模具中，放入冰箱冻2小时左右至其完全凝固，再放入220℃的烤箱中烤10分钟左右，取出，稍凉后脱模，再筛上糖粉装饰即可食用。

模具中倒入巧克力糊之前，最好在模具的边缘和底部先抹上少许黄油或食用油，然后撒上高筋面粉，这样制作出的布丁更加容易脱模；成品做好后配上香草冰激凌食用，风味更佳。

核桃布丁

材料

全蛋3个，压碎的核桃50克，淡奶油50克，细砂糖20克，牛奶100毫升，糖粉适量

做法

- 1 选一口大小适宜的奶锅，将奶锅洗净，置于灶上，倒入备好的牛奶后，将牛奶加热至80℃左右，再加入备好的淡奶油，搅拌均匀，备用。
- 2 将全蛋、砂糖倒入另一净盆中，再倒入加热好的牛奶，加入准备好的核桃碎，搅拌均匀，待用。
- 3 放入模具内至八分满，放入烤箱，以160℃的炉温烤20分钟，出炉。
- 4 将取出的布丁稍微放凉后，在表面撒上核桃碎，筛上糖粉即可。

全蛋和糖不能搅拌出太多气泡，也不能打发；脱模的时候可用牙签沿周边划一圈，然后倒扣后轻轻用手拍底部，再左右晃动使布丁轻轻落下，千万不要用力过猛，否则易将布丁摔烂。

牛奶布丁

材料

牛奶250毫升，草莓100克，蜂蜜、细砂糖、蛋白、苹果汁、食用明胶各适量

做法

- 1 牛奶倒入锅中，加细砂糖拌匀，放入食用明胶，用小火加热至溶化。
- 2 起锅盛入碗中，用模具加工成布丁，放入冰箱冷藏。
- 3 草莓去蒂洗净，放入碗内，加入蜂蜜做成草莓酱；将蛋白、细砂糖调成鲜奶油，待用。
- 4 将布丁放在盘内，淋上鲜奶油、草莓果酱和苹果汁即可。

新手注意 这款牛奶布丁可以衍生出很多品种的布丁，如椰奶、黄桃、蓝莓、香芋、紫薯等；同时要注意布丁的冷冻时间，不要冻太久，大约 20分钟左右至凝结不流动即可，不然就成了冰激凌。

布里奶酪

材料

布利奶酪200克，圣女果20个，橄榄油10毫升，葡萄醋5毫升

做法

• 1 将圣女果一一冲洗干净，放入准备好的干净容器中，备用；用刀子在处理好的圣女果上方切出十字形，并切割至1/2的深度。

• 2 将切好的圣女果放入盘中后，倒入适量橄榄油和葡萄醋混合。

• 3 将混合好的圣女果放入150℃的烤箱中烘烤3~5分钟。

• 4 将布利奶酪切成适合食用的大小后，与烤好的圣女果摆在一起，即完成制作。

新手注意 将圣女果切开后，加橄榄油和葡萄醋烘烤，在入口的时候才可以品尝到橄榄油和葡萄醋入味的香气，搭配布里奶酪时，如果再搭配凉爽的白葡萄酒，更可以享受到绝佳的风味。

榛果酸奶冻

材料

榛子40克，腰果45克，枸杞10克，酸奶300毫升，橄榄油适量

做法

- 1 取一锅，注入适量的橄榄油，烧至四成热。
- 2 倒入洗净的腰果、榛子，炸至食材出香味。
- 3 将炸好的腰果和榛子捞出，沥干油。
- 4 取一个杯子，将酸奶装入杯中。
- 5 放入炸好的腰果、榛子。
- 6 再摆上洗净的枸杞装饰。
- 7 放到冰箱中冷冻30分钟取出即可。

新手注意 挑选榛子时，通过掂量重量，沉的说明榛子的仁多并饱满。

果味酸奶冻

材料

酸奶250毫升，苹果35克，草莓25克

做法

- 1 草莓洗净，切成小瓣，再切成小块。
- 2 苹果洗净，切开，切小块，备用。
- 3 将酸奶倒入碗中，放入切好的草莓、苹果。
- 4 将材料搅拌均匀。
- 5 把步骤4拌好的材料倒入到备好的玻璃杯中。
- 6 再将玻璃杯放入冰箱中冷冻半个小时，取出即可。

新手注意 若制作的果味酸奶冻的量比较多，则应适当延长冷冻时间。

蓝莓酸奶冻

材料

酸奶150毫升，细砂糖35克，吉利丁粉5克，蓝莓酱50克，柠檬汁、淡奶油、蓝莓果粒、巧克力旋条、百合叶子各适量

做法

- 1 将酸奶加糖加热至溶解，加入吉利丁粉，搅拌至溶解，冷却至手温。
- 2 加入淡奶油、柠檬汁和蓝莓酱，拌匀，倒入模具内，表面挤上蓝莓果酱。
- 3 用牙签挑出大理石花纹，放入冰箱冷冻至凝固后取出，放上蓝莓果粒和巧克力旋条，插上百合叶子和纸牌装饰即可。

新手注意 **酸奶加热至40℃即可，如果温度太高容易分离。**

美国冰激凌

材料

可可粉、鲜牛奶、巧克力奶油、果仁酱、蛋黄各适量，脆皮筒1个，细砂糖、果酱各适量

做法

- 1 先把鲜牛奶煮沸，加入可可粉混合，待用。
- 2 将果仁酱中加热牛奶，调成稀糊状。
- 3 蛋黄加糖、果仁酱牛奶，拌匀。
- 4 再把煮沸的巧克力奶油慢慢倒入糖与蛋黄的混合物中，搅拌均匀。
- 5 冷冻后装入脆皮筒，淋上果酱即可。

新手注意 **牛奶糊稍微凉凉，再倒入蛋黄，否则就变会成蛋黄块了。**

牛奶冰激凌

材料

鸡蛋200克，牛奶500毫升，奶油125克，细砂糖150克，草莓少许

做法

- 1 草莓洗净，切开，备用。
- 2 将细砂糖、奶油加蛋黄，混和均匀。
- 3 牛奶煮沸，倒入细砂糖、奶油与蛋黄中，微火加热搅拌，降温至有稠度。
- 4 将蛋白打发成奶油状，倒入上述完成的混合液中拌匀，即成冰激凌浆。
- 5 冷冻5小时挖成球状，放上草莓。

新手注意：溶化后的冰激凌不能再次冷冻，因为易滋生沙门氏菌。

巧克力冰激凌

材料

蛋黄80克，生粉15克，牛奶300毫升，奶油100克，细砂糖80克，可可粉20克，黑巧克力液少许

做法

- 1 将蛋黄加细砂糖、奶油、可可粉，搅打至细砂糖完全溶化。
- 2 牛奶入锅加热至沸腾，关火后倒入蛋黄液、生粉，拌成冰激凌浆，放入冰箱。
- 3 降温后再继续冻5小时左右，并不时搅拌。
- 4 取出后挖成球状，淋上巧克力液。

新手注意：巧克力可以根据个人口味，选择甜度不一样的。

玉米冰激凌

材料

细砂糖80克，牛奶250克，玉米粉15克，蛋黄80克，鲜奶油250克

做法

- 1 取一个干净的奶锅，将准备好的蛋黄放入奶锅中。
- 2 再向其中加入牛奶、细砂糖、玉米粉搅匀，小火加热至其变得浓稠，放凉备用。
- 3 鲜奶油打发，加入步骤1中，冷冻半小时后取出，
- 4 继续搅拌后再冷冻，至冻结成型即可食用。

新手注意 蛋黄煮得过久会形成灰绿色硫化亚铁层，很难被人体吸收。

黑牛

材料

可口可乐汽水1瓶，巧克力冰激凌球1个，碎冰块适量

做法

- 1 取一只干净的高脚杯，先将备好的碎冰块放入杯底。
- 2 再缓慢注入镇凉的可口可乐汽水，用长匙慢慢将其调匀。
- 3 将调匀的液体静置片刻。
- 4 再用勺子将准备好的巧克力冰激凌球舀起放置到其中，搅拌均匀，即完成制作。

新手注意 放入的可乐要适量，以免巧克力冰激凌球溢出。

Finally

最后上餐后饮料

西餐的最后一道菜是饮料，一般以咖啡或茶为主。喝咖啡时要加糖和淡奶油；而饮茶时要加香桃片和糖。这些饮料不但能解渴，助消化，还能让你减少一些油腻感。

茉香玫瑰茶

材料

茉莉花5克，玫瑰花4克，蜂蜜12毫升

做法

- 1 取备好的茶壶，放入茉莉花、玫瑰花，注入少许开水，冲洗一遍。
- 2 去除杂质，倒出壶中的热水，打开盖子，往壶中再次注入少许开水，至六七分满。
- 3 盖好壶盖，浸泡约5分钟，至散出清香味。
- 4 另取一个干净的茶杯，倒入泡好的玫瑰茶，加入蜂蜜，搅拌一下，趁热饮用即可。

新手注意 泡花茶时开水的用量不宜太多，以免冲淡了花的香味。

柠檬薰衣草茶

材料

柠檬片10克，薰衣草6克，柠檬叶、细砂糖各少许

做法

- 1 将薰衣草用清水冲洗干净，沥干水分，备用。
- 2 取一个干净带盖的茶杯，放入备好的薰衣草，加入适量的细砂糖，拌匀。
- 3 往茶杯中注入适量的开水，至八九分满，盖上盖子，冲泡一会儿，至散发清香味。
- 4 揭开盖子，放入柠檬叶，拌匀，再放上柠檬片即可。

可用蜂蜜代替细砂糖，口感也不错的。

迷迭香草茶

材料

新鲜迷迭香2枝，新鲜鼠尾草叶2片，新鲜甜菊叶2片，干燥玫瑰花6朵，热开水适量

做法

- 1 将所有新鲜香草洗净，用热开水冲一遍；干燥玫瑰花先用热开水浸泡30秒再冲净。
- 2 将做法1中的材料放入壶中，冲入热开水，浸泡约3分钟。
- 3 滤去茶汁即可饮用。

在冲泡此茶时，最好选择山泉水来冲泡，这样口感更好。

迷迭香玫瑰茶

材料

迷迭香5克，甘草、玫瑰各少许

做法

- 1 将砂锅洗净，注入适量的清水，用大火烧开。
- 2 倒入洗净的甘草、迷迭香，盖上盖子，用小火煮15分钟左右，至材料散发出自然清香。
- 3 揭开盖子，然后转中火对其进行保温，待用。
- 4 取一个干净的茶杯，放入玫瑰，再盛入砂锅中的药汁，盖上杯盖，浸泡约5分钟即可。

新手注意：冲泡此茶时可适当地放入少许柠檬草，会使茶味更清香。

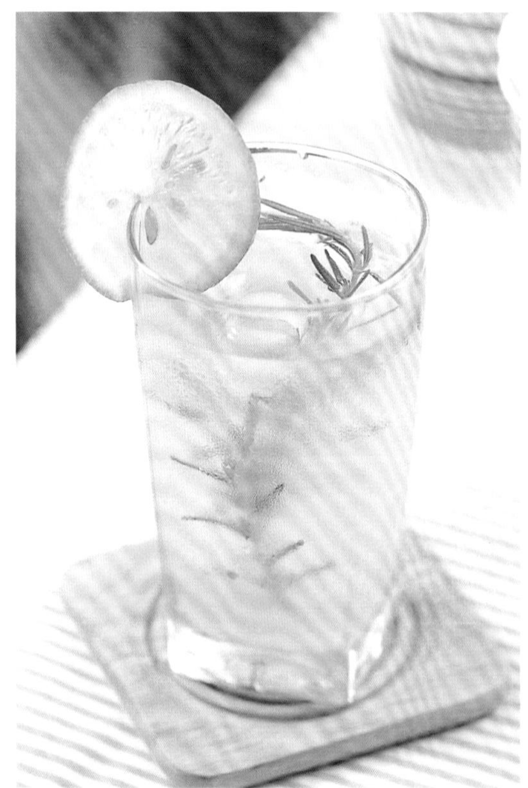

迷迭香柠檬茶

材料

新鲜迷迭香2枝，热开水200毫升，柠檬汁30毫升，蜂蜜适量，冰块适量

做法

- 1 将准备好的新鲜迷迭香用流水清洗干净，沥去水分后装入盘中待用。
- 2 取干净的杯子，用热开水冲一遍，然后冲入200毫升开水，浸泡1分钟。
- 3 将步骤1中的迷迭香及准备好的柠檬汁、蜂蜜一起放入杯中，摇晃数下至材料分布均匀。
- 4 静置片刻，待其稍稍凉凉后放入准备好的冰块即可。

新手注意：此茶冲泡好后，最好取出迷迭香，以免浸泡过久让茶变涩。

洋甘菊红花茶

材料

新鲜洋甘菊10朵，干燥红花1小撮，干燥菩提1小匙，干燥紫罗兰1小匙，热开水适量

做法

- 1 将新鲜洋甘菊洗净，然后再用热开水将其冲一遍，放入盘中。
- 2 将准备好的干燥红花、菩提及紫罗兰先用热开水浸泡30秒再冲净。
- 3 将步骤1及2中的材料放入壶中，注入500~600毫升热开水，将其浸泡约3分钟，待材料混匀即可饮用。

新手注意 用沸水泡茶，注意控制温度，否则会使茶的香味很快消失。

薄荷鲜果茶

材料

薄荷2枝，茉莉花2小匙，红茶1包，菠萝、猕猴桃、苹果各适量

做法

- 1 将准备好的苹果用流水清洗干净，去皮，再用刀将其切大小均匀的小丁。
- 2 将准备好的菠萝用流水清洗干净，去皮后用刀将其切成小丁备用。
- 3 将准备好的猕猴桃用流水清洗干净，去皮后切成大小一致的小丁。
- 4 将准备好的薄荷、茉莉花与红茶一起放入壶中，冲入热开水，加入水果丁摇匀即可。

新手注意 一定要选择新鲜的水果来冲泡此茶，否则会影响到茶味。

薄荷甘菊茶

材料

新鲜薄荷2枝，新鲜洋甘菊12朵，新鲜柠檬马鞭草2枝，热开水适量

做法

- 1 将准备好的新鲜薄荷用流水清洗干净，装入盘中备用。
- 2 将准备好的新鲜洋甘菊用流水清洗干净，装入盘中备用。
- 3 将准备好的新鲜柠檬马鞭草用流水清洗干净，装入盘中备用。
- 4 将所有香草洗净，用热开水冲一遍，再放入壶中，注入500~600毫升热开水。
- 5 浸泡约3分钟即可饮用。（可回冲2次，回冲时需浸泡5分钟）

在冲泡此茶时，薄荷与甘菊的比例一定要适中，这样就可以保证冲泡出来的薄荷甘菊茶更有花香味。

百里香桂花茶

材料

新鲜百里香3枝，干燥桂花2小匙，热开水适量

做法

- 1 将准备好的新鲜百里香用流水清洗干净，装入盘中待用。
- 2 向壶中注入适量清水，大火煮沸。
- 3 取一个干净的杯子，将洗好的百里香、干燥桂花放入杯中，热开水冲一遍；先用热开水浸泡30秒再冲净。
- 4 另取一个干净的壶，将步骤3中的材料放入壶中，注入500~600毫升热开水，浸泡约3分钟。
- 5 再将做好的百里香桂花茶倒入杯中，稍微放凉即可饮用。

由于百里香的香味较为浓郁独特，所以不能单独冲泡，否则难以入口，故可加入少许蜂蜜来饮用。

爱尔兰冰奶茶

材料

伯爵茶包1包，热开水150毫升，奶精2匙，爱尔兰果露30毫升，鲜奶油、冰块各适量

做法

• 1 用热开水冲泡伯爵茶包。

• 2 待冲泡好后，取出伯爵茶包，加入适量奶精，用勺子搅拌均匀，至奶精溶解，备用。

• 3 往杯中倒入适量冰块，再倒入茶汤及爱尔兰果露，摇匀。

• 4 将拌匀的汁液用小筛网滤出，倒入另一个装有适量冰块的杯中，挤上适量鲜奶油即可。

在奶茶表面上挤入鲜奶油时，最好不要挤入太多，否则会影响奶茶的清香。

水蜜桃冰奶茶

材料

蜜桃香茶包1包，热开水150毫升，奶精2匙，鲜奶油、水蜜桃丁、冰块各适量

做法

• 1 将蜜桃香茶包入杯中，注入热开水，浸泡一会儿。

• 2 待散发出茶香味时，取出茶包，然后加入奶精，用勺子搅拌均匀，至奶精溶解，备用。

• 3 往杯内装入适量的冰块，倒入拌好的茶汤，摇均匀。

• 4 将液体倒入另外一个装有冰块的杯中，挤上适量鲜奶油，撒上水蜜桃丁即可饮用。

最好选用新鲜的、个头大小适中、果形要端正的水蜜桃，太软的水蜜桃容易烂。

西雅图奶茶

材料

洋甘菊茶包、红茶包、冰糖包各1包，热开水、奶精粉、香草果露、浓缩咖啡各适量

做法

• 1 取白瓷壶，先用热开水预热。

• 2 加入洋甘菊茶包、红茶包，注入适量的沸水，加上盖子，冲泡一会儿后，加入适量奶精粉，搅拌均匀，至奶精粉溶解。

• 3 将香草果露倒入壶中，加入1份浓缩咖啡后搅拌均匀，附上冰糖包即可。

新手注意 茶包浸泡后要将其取出，否则会使茶的口感变得很涩。

坚果奶茶

材料

红茶包1包，坚果50克，牛奶100毫升，粗砂糖适量

做法

• 1 将红茶包、适量清水和1茶匙的切片坚果放进奶锅中，先用大火煮沸，再改小火煮10分钟，至散发出清香味。

• 2 加入牛奶，边用小火煮，边用勺子搅拌均匀。

• 3 再加入粗砂糖，同样用勺子搅拌均，至粗砂糖溶化；关火，取出煮好的奶茶，倒入杯中即可。

新手注意 坚果的切片最好小一些，以便咀嚼。

玫瑰奶茶

材料

红茶包1包，玫瑰花5克，蜂蜜、牛奶各适量

做法

• 1 将红茶包与玫瑰花放入茶壶中，加入适量热水，冲泡一会儿，至散发出清香。

• 2 当红茶和玫瑰花泡开后，加入适量蜂蜜，搅拌均匀，再冲泡片刻。

• 3 最后根据自己的口味加入适量牛奶调匀即可饮用。

新手注意　选用干燥的玫瑰花瓣来冲泡奶茶最为合适。

恋情奶茶

材料

绿茶包1包，热开水350毫升，奶精粉、香草果露、巧克力果露、鲜奶油、巧克力屑各适量

做法

• 1 取马克杯，用热开水预热，加入备好的绿茶包，再注入适量热开水，加盖浸泡一会儿。

• 2 取出茶包，将奶精粉、香草果露、巧克力果露倒入壶中，搅拌均匀。

• 3 加入适量鲜奶油、巧克力屑片装饰即可。

新手注意　茶包不要浸泡太久，否则冲出来的茶会很涩。

香草咖啡

材料

意式浓缩咖啡2盎司（约60毫升），奶泡适量，竹签1支

做法

• 1 将咖啡杯倾斜25°，拉花缸与咖啡杯距离约5厘米，将奶泡缓缓注入咖啡杯中，保持注入的速度，缸嘴开始向后移动，再继续注入适量的奶泡至满杯。

• 2 取竹签，蘸上奶泡在液体表面画上第一棵小草，继续画上第二棵小草。

• 3 再蘸取奶泡，画上第三棵小草，继续画出第四棵小草。

• 4 最后，再画出小点，整个图案就完成了，咖啡即可饮用。

根据个人口味，在糖分的调配上，可以多些变化，这样制作出来的咖啡会更美味。当咖啡液面呈现浓稠状的时候，是拉花的最好时机，而且还要选用壶嘴较长的奶泡壶。

老爷车

材料

意式浓缩咖啡1盎司（约30毫升），奶泡适量，竹签1支

做法

- 1 使咖啡杯与拉花缸距离保持约5厘米，缸嘴顺时针晃动，缓缓将奶泡注入咖啡杯中，抬高拉花缸，一直匀速注入奶泡至七分满。
- 2 取竹签蘸上奶泡，在液体的表面上，画出车底，竹签再蘸上奶泡继续画出车身，快速地拉出车轮。
- 3 竹签再蘸上奶泡，画上第一个车窗，连续画上第二、第三个车窗。
- 4 最后，画上宽宽的马路，图案就形成了，咖啡即可饮用。

新手注意 用竹签勾出花边时，不能停留，应迅速完成。

还有用竹签勾出车的形状时，力度不能太大，否则会影响勾画出来的图案效果。制作此款咖啡时，要把握好甩动缸嘴的力度。

巧克力咖啡

材料

意式浓缩咖啡60毫升，奶泡、黑巧克力液各适量，裱花袋1个

做法

- 1 咖啡杯小幅度地倾斜，将奶泡匀速地注入到咖啡杯内。
- 2 在原注点上，加大注入流量，至八分满后，液面有奶泡堆积的痕迹。
- 3 用咖啡勺将奶泡盛在咖啡液面上，至满杯。
- 4 把黑巧克力液装入裱花袋，然后在奶泡上，快速地划出花纹即可。

制作此款咖啡之前，先将黑巧克力隔热水溶化。

意式咖啡

材料

意大利咖啡90，鲜奶120毫升，竹签1支

做法

- 1 将鲜奶加热后搅打成奶泡，待用。
- 2 把煮好的咖啡倒入咖啡杯内，再将其小幅度地倾斜，匀速地注入奶泡。
- 3 继续注入至咖啡杯八分满后，液面有奶泡堆积的痕迹。
- 4 取竹签，在奶泡上先划“米”字型，再相隔一定距离划圆圈，形成网状即可。

可以适当地加入少许巧克力粉，味道会更好。

玫瑰浪漫咖啡

材料

蓝山咖啡1杯，白兰地少许，玫瑰花1朵，方糖1块

做法

- 1 将玫瑰花用清水冲洗干净，沥干水分，备用。
- 2 将备好的蓝山咖啡倒入杯中，至七八分满。
- 3 放入方糖和洗净的玫瑰花，用勺子搅拌均匀。
- 4 在咖啡液面淋上少许白兰地，点火即可。

玫瑰花瓣要新鲜，以保证咖啡的芳香。

爱情咖啡

材料

卡布奇诺冰咖啡150毫升，咖啡酒、伏特加各15毫升，棕可可酒、碎冰、糖包各适量

做法

- 1 往咖啡杯中加入适量的碎冰，再注入卡布奇诺冰咖啡，用勺子搅拌一下，备用。
- 2 然后加入咖啡酒、棕可可酒、伏特加，同样用勺子搅拌一下，附上适量的糖包。
- 3 将做好的咖啡放上桌面即可饮用。

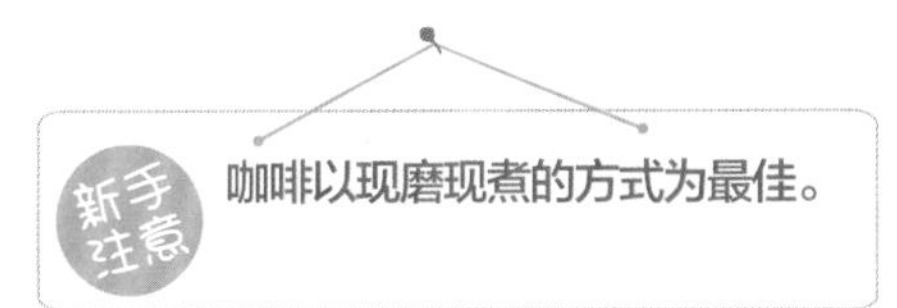

咖啡以现磨现煮的方式为最佳。

摩卡咖啡

材料

巧克力酱20克，咖啡豆30克，方糖、水、淡奶各适量

做法

• 1 将巧克力酱装入裱花袋，再挤入到咖啡杯中，备用。

• 2 将咖啡豆放入咖啡机中，注入适量水，煮成咖啡，倒入杯中。

• 3 调入适量的淡奶，调匀。

• 4 再加入适量的方糖，同样用勺子搅拌均匀，至方糖溶化，把做好的咖啡摆上桌面即可饮用。

新手注意 做好的咖啡一定要趁热饮用，因为它的滋味与香气会随着冷却而大打折扣。

爱列斯咖啡

材料

蓝山咖啡豆30克，方糖、白兰地各适量

做法

• 1 将咖啡豆放入咖啡机中，注入适量水，煮成咖啡，倒入咖啡杯中。

• 2 倒入适量的白兰地，用勺子搅拌均匀，备用。

• 3 调入适量的方糖，同样用勺子搅拌均匀，至方糖溶化。

• 4 把做好的咖啡摆上桌面，也可以根据个人口味，加入适量的淡奶，然后趁热饮用即可。

新手注意 选用高级的白兰地，味道更加香醇浓烈，非常适合餐后饮用，令人有轻松幸福之感。

罗马咖啡

材料

咖啡豆50克，淡奶15毫升，方糖、朗姆酒各适量

做法

- 1 将咖啡豆放入咖啡机中，注入适量的水，煮成咖啡，倒入咖啡杯中。
- 2 加入适量的方糖，用勺子搅拌均匀，使之溶于咖啡中。
- 3 注入适量的淡奶，同样用勺子慢慢地搅拌均匀。
- 4 调入适量的朗姆酒，拌匀；把做好的咖啡摆上桌即可。

新手注意：煮好的咖啡一定要先冷却片刻，再倒入备好的咖啡杯中，否则很容易烫伤手。

柠檬咖啡

材料

蓝山咖啡豆30克，白兰地、柠檬汁、方糖各适量

做法

- 1 将蓝山咖啡豆放入咖啡机中，注入适量的水，煮成咖啡，待降至手温时，倒入咖啡杯中。
- 2 往咖啡杯内调入适量的白兰地，用勺子搅拌均匀。
- 3 加入适量的方糖，用勺子搅拌均匀，使之溶于咖啡中。
- 4 滴入几滴柠檬汁，拌匀；把做好的咖啡摆上桌即可。

新手注意：柠檬汁可以用新鲜的柠檬替代，但要将其切成薄片，而且上桌后尽快将柠檬片取出，不宜浸泡太久。

阿拉伯咖啡

材料

咖啡豆70克，砂糖10克，豆蔻粉、肉桂碎各少许

做法

- 1 将咖啡豆放入咖啡机中。
- 2 加入适量的清水，煮成咖啡，倒入咖啡杯内，待降至手温。
- 3 加入豆蔻粉、肉桂碎，用勺子搅拌均匀。
- 4 将煮好的咖啡倒入杯中即可。
- 5 饮用时，可以依据个人口味加入适量砂糖拌匀。

100毫升水加10克咖啡粉是一杯咖啡的黄金比例。有时可以适当加点蜂蜜，味道会更好。

哥伦比亚咖啡

材料

咖啡豆25克，方糖适量

做法

- 1 将咖啡豆烤香。
- 2 放入备好的咖啡机内。
- 3 加入容器三分之二的清水，煮成咖啡。
- 4 会随着水温的升高。
- 5 将咖啡倒入杯中，根据个人喜好添加方糖饮用即可。

要控制好咖啡粉的粗细、份量、水量，及冲泡方法，最好用新鲜的咖啡豆现磨现做，这样风味最佳。

拿铁咖啡

材料

咖啡豆30克，牛奶100毫升，热开水50毫升，糖浆少许

做法

- 1 将咖啡豆放入咖啡机中，注入适量水，煮成咖啡，倒入咖啡杯中。
- 2 把牛奶倒在锅里，用中火煮沸后，取出，再用电动搅拌器把牛奶打出丰富的泡沫。
- 3 把牛奶泡装到有热咖啡的杯子里。
- 4 将做好的咖啡摆上桌面，根据个人口味，可以加入少许糖浆，搅拌均匀后再饮用，也可以把比斯考提之类的硬饼干泡到咖啡中饮用。

新手注意

拿铁咖啡可以加入各种不同的果露，以变化口味，如焦糖、榛果、法式香草等。

薄荷咖啡

材料

咖啡豆50克，绿薄荷酒15毫升，鲜奶油、水各适量

做法

- 1 将咖啡豆放入咖啡机中，注入适量的水，煮成咖啡，待降至手温时，倒入咖啡杯中。
- 2 将鲜奶油放入冰箱冷藏片刻后取出，用电动搅拌器把鲜奶油打发至鸡尾状，备用。
- 3 在咖啡面上，挤上一层打发好的鲜奶油，然后再淋上绿薄荷酒。
- 4 将做好的咖啡放上桌面即可饮用。

新手注意

冲调咖啡的水质和温度一定要适宜。做好的薄荷咖啡可以放上一些巧克力碎作为装饰，造型更美观。

德式咖啡

材料

咖啡豆120克，鲜奶油适量，蜂蜜15毫升

做法

- 1 将咖啡豆放入咖啡机中，注入适量水，煮成咖啡。
- 2 选一个适宜的咖啡杯，将煮好的咖啡倒入杯中。
- 3 将准备好的鲜奶油挤上一层，再淋上蜂蜜。
- 4 稍置片刻，即可饮用。

新手注意 水烧滚后静置1～2分钟再用来冲煮咖啡，口感会更好。

爱因斯坦咖啡

材料

意大利浓咖啡200毫升，鲜奶油、削片巧克力、碎冰、糖包各适量

做法

- 1 取一个适宜的咖啡杯，将准备好的碎冰放入杯中。
- 2 再将备好的200毫升意大利浓咖啡慢慢注入装有碎冰的杯中，上面旋转加入一层鲜奶油。
- 3 再在咖啡表面撒上削片巧克力屑，附糖包上桌。

新手注意 巧克力削成薄片，洒在咖啡上，可软化意大利咖啡的浓苦，别具甜美滋味。

热情咖啡

材料

热咖啡1杯，柠檬片、白朗姆酒各适量，糖包1个

做法

• 1 取一个大小适宜的咖啡杯，将准备好的热咖啡装入其中约七分满，再在上面放上1片准备好的柠檬片。

• 2 待柠檬片略微浸入咖啡中时，再淋入准备好的白朗姆酒。

• 3 最后点火上桌，并在其旁边附上糖包即可。

新手注意 在切柠檬片的时候，要切得薄些，且在杯中不可泡太久。

奶油咖啡

材料

咖啡力娇酒20克，君度14毫升，热咖啡120毫升，橙皮适量，奶油少许

做法

• 1 选一个大小适宜的杯子，将准备好的咖啡力娇酒、君度倒入杯子中，再注入120克的热咖啡。

• 2 将其静置片刻后，再在其上面加上准备好的鲜奶油。

• 3 最后将准备好的橙皮做好造型摆上即可。

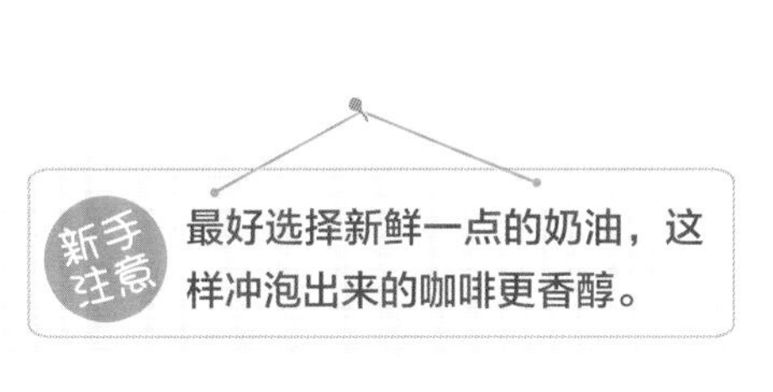

最好选择新鲜一点的奶油，这样冲泡出来的咖啡更香醇。

可爱的拐杖

材料

意式浓缩咖啡2盎司（约60毫升），奶泡、薄荷叶各适量

做法

- 1 将备好的咖啡杯小幅度地倾斜，缸嘴贴近咖啡杯，将奶泡匀速注入咖啡杯中。
- 2 在杯中加大注入量，放平咖啡杯。
- 3 待奶泡和咖啡融合至满杯时，收掉奶泡。
- 4 用咖啡勺取适量的奶泡在液面拉出图案，用竹签在奶泡上画纹路。将咖啡杯放在吧台上，竹签蘸上奶泡，在液面上画上点，最后将薄荷叶装饰在液体表面即可。

新手注意 在打奶泡过程中，温度到适合的点时要停下来，一般合适的温度在55℃~65℃，这个也可以根据个人的口感来决定，而且打奶泡的时间太长，会使牛奶凝结，同时也会改变口感。

小雪人

材料

意式浓缩咖啡1盎司（约30毫升），奶泡适量

做法

- 1 往咖啡液中徐徐倒入奶泡。
- 2 继续注入奶泡，咖啡杯保持倾斜，把缸嘴移至杯子中央，加大注入量，液体达到满杯时，收起奶泡。
- 3 用咖啡勺将奶泡盛在液面上，取一竹签，用竹签画雪人脸部表情，再画出围巾和衣服的扣子，在头部的上方画出帽子形状。
- 4 再用竹签蘸上奶泡，在液面点上均匀的圆点，就这样，小雪人的图案就顺利的完成了。

新手注意 在制作意式浓缩咖啡前，最好先把杯子预热，不然咖啡倒入冷杯内，会使咖啡变酸。另外，在煮咖啡的过程中，时间尽量控制在45~50秒，这样可以更好地保证咖啡的味道。

皇家咖啡

材料

蓝山咖啡1杯，方糖、白兰地各适量

做法

•1 将咖啡倒入到预热过的瓷杯中，约八分满。

•2 放入备好的方糖，用勺子搅拌均匀，至方糖溶于咖啡中。

•3 以适量的白兰地淋湿方糖后即可饮用。

新手注意：选购洁白有光泽，糖块棱角完整，且不易碎的方糖为佳。

蓝山咖啡

材料

蓝山咖啡豆30克，淡奶1杯，水适量

调料

咖啡糖适量

做法

•1 将咖啡豆放入咖啡机中。

•2 注入适量的清水，煮成咖啡。

•3 选一个大小适宜的咖啡杯，将煮好的咖啡倒入其中，约七成满，调入淡奶和咖啡糖即可。

新手注意：咖啡豆要选豆形饱满、圆润的，这样煮的咖啡会很香醇。

卡布奇诺咖啡

材料

意大利咖啡120毫升，全脂鲜奶200毫升，柠檬皮1小块，肉桂粉少许

做法

• 1 将全脂鲜奶倒入奶锅中，用中火加热后，再用电动搅拌器将其打成奶泡，备用。

• 2 将咖啡煮好倒入杯中。

• 3 用酒吧长匙挖约60毫升奶泡放入杯中。

• 4 柠檬皮切末，撒在奶泡上，再撒入少许肉桂粉即可。

此款咖啡可用美式咖啡做底液，口感更佳。

钻石咖啡

材料

意大利咖啡豆50克，鲜奶油适量，钻石糖8克

做法

• 1 将咖啡豆放入咖啡机中，注入适量的水，煮成咖啡，待降至手温时，倒入咖啡杯中。

• 2 将鲜奶油放入冰箱冷藏一会儿后取出，用电动搅拌器将其打发成奶泡。

• 3 往咖啡杯内挤上一层奶泡，撒上钻石糖即可。

钻石糖结晶颗粒形状与钻石相似，可用来装饰和调味。

美式摩卡

材料

意大利咖啡豆50克，鲜奶15毫升，巧克力酱30克，鲜奶油、水各适量

做法

- 1 将咖啡豆放入咖啡机，注入适量的水，煮成咖啡，再加入鲜奶及巧克力酱混合加热。
- 2 待降至手温时，把煮好的咖啡倒入咖啡杯中，备用。
- 3 将鲜奶油放入冰箱冷藏片刻后，取出，再用电动搅拌器将其打发成奶泡，待用。
- 4 在咖啡面上，挤入一层打发好的奶泡，摆上桌面即可。

新手注意 咖啡杯可用玻璃杯代替，这样可以看出分层效果，也可加入葵蜜饯粉作为装饰，同时还能增加风味。

露西亚热咖啡

材料

意大利咖啡豆50克，橘子酱50毫升，柳橙片30克，鲜奶油、伏特加、水各适量，糖包1个

做法

- 1 将咖啡豆放入咖啡机中，注入适量的水，煮成咖啡，待降至手温时，倒入咖啡杯中。
- 2 加入橘子酱、伏特加，拌匀；将鲜奶油放入冰箱冷藏片刻后，取出，再用电动搅拌器将其打发成奶泡。
- 3 在咖啡上面以旋转的方式加入一层打发好的奶泡。
- 4 然后放上柳橙片，附上糖包即可。

新手注意 经过研磨好的咖啡粉和橘子酱的比例一定要适宜。橘子酱与伏特加的结合，使咖啡更加醇厚甘美。

美式摩加冰咖啡

材料

蓝山咖啡豆50克，朱古力糖浆20毫升，泡沫牛奶50毫升，碎冰100克，鲜奶油、水各适量

做法

- 1 往咖啡杯底倒入朱古力糖浆。
- 2 往咖杯中倒入泡沫牛奶，再放入冰块，备用。
- 3 将咖啡豆放入咖啡机中，注入适量的水，煮成咖啡，待完全冷却后，倒入咖啡杯中。
- 4 将鲜奶油放入冰箱冷藏片刻后，取出，再用电动搅拌器将其打发成奶泡，然后在在咖啡面上，挤入一层打发好的奶泡，划上图案即可。

新手注意 朱古力糖浆的比例要适中。鲜奶油需要放入冰箱冷藏一下，这样才能更好地打发成奶泡。

神秘三重奏

材料

意大利咖啡豆50克，贝礼斯奶酒25毫升，君度橙酒15毫升，鲜奶油适量，柳橙1片

做法

- 1 将咖啡豆放入咖啡机中，注入适量的水，煮成咖啡，待完全冷却后，倒入爱尔兰杯中。
- 2 淋上贝礼斯奶酒及君度橙酒，用勺子搅拌均匀。
- 3 将鲜奶油放入冰箱冷藏片刻后，取出，再用电动搅拌器将其打发成奶泡，挤在咖啡面上，中央略尖。
- 4 放上柳橙片即可饮用。

新手注意 煮咖啡的水温以92～96℃为宜。还有煮咖啡的时候，加入少许咖啡糖，味道会更好。

爱尔兰咖啡

材料

热咖啡1杯，爱尔兰威士忌、鲜奶油各适量，冰糖、巧克力粉各适量

做法

• 1 往爱尔兰咖啡高脚杯中加入适量威士忌。

• 2 往杯中加入冰糖；将杯子架在专用酒精灯架上加热，中途须慢慢转动杯子，待加热至杯内的酒烧热且冰糖溶化时，熄灭酒精灯。

• 3 取下酒杯，再用打火机点燃杯中的酒，让酒在杯中燃烧约5秒后，盖上杯垫，将火熄灭，将备好的热咖啡倒入杯子中，七八分满即可。

• 4 最后将打发好的鲜奶油挤在杯子中，撒上少许巧克力粉即可。

制作此咖啡，一定要用特定的专用杯。咖啡冲泡后，若是加热过度，将会产生一种含盐的味道。

玛查格兰咖啡

材料

蓝山咖啡豆50克，红葡萄酒、柠檬片、肉桂棒各适量，糖包1包

做法

• 1 将咖啡豆放入咖啡机中，注入适量的水，煮成咖啡，待降至手温时，倒入咖啡杯中。

• 2 将红葡萄酒放入另一个奶锅中，用小火温热。

• 3 从火炉上取出奶锅，将温热好的红葡萄酒倒入半热的咖啡中。

• 4 随即放入1片柠檬片、1支肉桂棒，最后附糖包上桌即可。

在煮咖啡的时候，加入适量的炼奶，味道更佳。红葡萄酒只需温热即可。

Part 4

西餐主食

西式大餐中的主食，与中餐的主食有所不同。西餐主食中，最有名的当属意面、披萨、三明治了，我们对这些食物的熟悉程度，远胜过对牛排、猪排的了解。有了它们作为主食的根本，想变幻出成百上千种的口味一点儿都不难。现在，大家就一起行动，尽享烹饪出美食的成就感吧。

one 粉、面

面食，精巧又不简单，能让人在正餐之外，悠然的享受一分惬意。香软的面条伴着酸甜或香味浓烈的酱汁，粉、面吃起来既开胃又爽口。虽然使用的食材很简单，但与酱汁搭配得天衣无缝，令人回味无穷，大家都快来品尝吧。

意大利面

材料

意大利面250克，牛绞肉300克，圣女果、胡萝卜、洋葱、青椒各适量

调料

盐、胡椒粉各少许，葱花、蒜泥、番茄酱、月桂叶、橄榄油各适量

做法

- 1 将意大利面放入锅内煮熟后沥干，撒少许的盐，倒入加热的橄榄油。
- 2 将胡萝卜、洋葱和青椒洗净切片；圣女果洗净，上方部分的外皮剥除。
- 3 锅中倒入橄榄油，入蒜泥、洋葱、牛绞肉、圣女果、胡萝卜和青椒翻炒，再加入番茄酱和月桂叶。
- 4 撒入盐和胡椒粉，再将准备好的意大利面放入锅中一起搅拌均匀，撒上葱花即可。

新手注意：在煮意面时加入一小勺盐和少许色拉油可以使意面煮好后更加劲道。

泡菜意大利面

材料

意大利面150克，猪肉、泡菜、青椒、红椒、洋葱各适量

调料

盐、番茄酱、辣椒酱、橄榄油、水淀粉各少许

做法

• 1 猪肉洗净剁碎；泡菜切细；青椒、红椒均洗净切碎；洋葱洗净切碎。

• 2 向锅中注水，入橄榄油、面煮熟装盘。

• 3 将猪肉、泡菜、青红椒、洋葱装碗，加调料拌匀成面酱；油锅烧热，入面酱炒熟，淋入盘中。

新手注意 面煮熟入盘前先过冷水，面会更加有劲道，且不易粘连。

海鲜意大利面

材料

意大利面200克，虾仁80克，番茄、洋葱、香芹、墨鱼、高汤、牛奶各适量

调料

盐3克，蒜末、葱末各5克，月桂叶、黑胡椒粉、香草、番茄酱各适量

做法

• 1 番茄洗净切块；洋葱、香芹洗净切末；墨鱼收拾干净切花刀；虾仁洗净。

• 2 意大利面入盐水锅煮熟，捞出。

• 3 油锅烧热，下洋葱、蒜末、香芹、高汤、牛奶、番茄、墨鱼、虾仁和其他调料熬熟，下面条拌匀。

新手注意 200克的意大利面要用2升左右的水，待水沸腾后再加盐。

圣女果意面

材料

圣女果50克，意大利面100克，罗勒叶适量，奶酪少许

调料

盐、薄荷青酱各适量，橄榄油10毫升

做法

- 1 圣女果洗净对半切开；奶酪切片。
- 2 面放入清水锅中，煮5分钟至断生，捞出过凉水，捞出沥干。
- 3 热锅，放橄榄油、圣女果、盐、奶酪与薄荷青酱，炒匀；将面放锅中翻炒匀，盛出，放上净罗勒叶与奶酪装饰即可。

新手注意 煮意大利面时以面条夹起透光看时中心保持一条白心即可。

蓝莓奶酪意面

材料

意大利面150克，奶酪50克，淡奶油50克，鲜罗勒叶适量

调料

蓝莓酱50克，罗勒酱适量，盐少许

做法

- 1 向锅中注水，放入盐、意大利面，煮10～15分钟，捞出沥干。
- 2 锅烧热，放奶酪，小火加热使其溶化，加入淡奶油拌匀，成奶酪奶油酱。
- 3 意面中放蓝莓酱拌匀，放上奶酪奶油酱、罗勒酱，用鲜罗勒叶装饰即可。

新手注意 在蓝莓酱中加入鲜柠檬汁，会有柠檬的清香味。

番茄意式管面

材料

意大利管面200克，鲜罗勒叶5克，橄榄50克，奶酪片少许，柠檬汁15毫升

调料

蒜蓉、番茄酱、橄榄油各适量

做法

- 1 将管面入沸水中煮熟，捞出。
- 2 将洗净的一部分罗勒叶切末。
- 3 热锅放入橄榄油、蒜蓉与罗勒叶末，加入番茄酱，将意大利面倒入锅中，加入柠檬汁炒匀。
- 4 将橄榄放入锅中，拌匀之后将意大利面盛出装盘，用罗勒叶、奶酪装饰。

新手注意 家里没有番茄酱的话，也可以不加，用新鲜番茄也可以。

焗烤香橙意面

材料

柳橙1个，西蓝花100克，意大利面（笔尖面）50克，披萨奶酪丝50克，鲜奶油、面包粉各适量

调料

香菜粉、食盐、胡椒粉各少许，橄榄油8克

做法

- 1 柳橙取出果肉；西蓝花洗净切块。
- 2 将面、西蓝花放锅中煮熟沥干，加盐和橄榄油拌匀。锅入奶酪及面包粉炒香，加鲜奶油拌成白酱，与食材、调料拌匀。
- 3 撒上奶酪丝以180℃烘烤约10分钟。

新手注意 奶油白酱可以多做一些，放入冰箱中留着下次再用。

香蒜意大利面

材料

意大利面250克，蒜头100克，培根150克

调料

食盐、黑胡椒盐、橄榄油、白酒、罗勒粉、洋葱粉末各适量

做法

- 1 将意大利面放入锅中，加入盐和橄榄油后煮熟，捞起沥干，用橄榄油拌匀。
- 2 蒜去皮切半，入煎锅煎烤；在煎锅的另一边放入培根，煎烤后切片。
- 3 将意大利面、蒜头和培根放入碗中，倒入橄榄油和白酒调味后，将其搅拌均匀。
- 4 再撒上罗勒粉、洋葱粉末、食盐和黑胡椒盐，拌匀后摆放至盘子中。

新手注意

煮意大利面时最好用深锅，放足量的清水，等水完全煮沸后才能将面条投入锅中，并且一直保持煮沸的状态；煮意大利面时也要注意不断地搅动面条，防止面条粘在一起。

黑芝麻牛奶面

材料

素面100克，黑芝麻、牛奶各适量

调料

盐、蜂蜜各少许

做法

• 1 黑芝麻洗净，沥干水分，用筛网筛除其中的杂质，将锅烧热，倒入黑芝麻炒熟。

• 2 将黑芝麻放入臼杵中捣碎，放入碗中，倒入牛奶，再加盐、蜂蜜调好味道，然后再用筛网过滤出芝麻牛奶汁，备用。

• 3 向锅中注入适量的清水烧开，下入素面煮熟。

• 4 将煮熟的素面用凉水过凉，放在碗中，再倒上芝麻奶汁即可。

新手注意 很多人都一直认为，长时间地煮牛奶会使牛奶变得更稠，营养价值更高，这个观点其实是错误的。若想提高浓度，可以放入冰箱里，当出现浮冰时将冰取出，反复几次可提高浓度。

芦笋蛋奶面

材料

宽蛋面200克，芦笋100克，圣女果80克，香芹叶、奶酪粉各适量

调料

蛋奶酱30克，盐、橄榄油各适量

做法

- 1 向锅中注水煮开，放盐、宽蛋面，转小火，续煮约6分钟后取出，装盘。
- 2 芦笋洗净切段；圣女果洗净切两半；香芹叶洗净切碎末。
- 3 锅加油烧热，放芦笋、圣女果、宽蛋面、蛋奶酱炒匀，撒奶酪粉、香芹碎末即可。

未用完的香芦笋可放入冰箱中，用湿布盖在芦笋上。

牛肉番茄酱面

材料

意大利面200克，牛瘦肉馅200克，洋葱碎50克，百里香5克，鲜罗勒叶碎少许，红酒、椰丝各适量

调料

番茄酱80克，蒜末30克，盐5克，胡椒粉3克，橄榄油适量

做法

- 1 向锅中倒油烧热，放入洋葱、大蒜、肉馅炒匀，入番茄酱、红酒、盐、百里香和胡椒粉，炒匀成牛肉番茄酱。
- 2 面煮熟装盘，放牛肉番茄酱，撒椰丝和净罗勒叶末。

煮制牛肉番茄酱的时候最好不要加入清水，以免影响口感。

番茄意大利面

材料

意大利扁舌面100克，番茄50克，罗勒叶适量

调料

橄榄油10毫升，奶酪粉少许，盐适量

做法

- 1 番茄洗净，切小块。
- 2 意大利扁舌面放入盛有清水的锅中，煮至熟，捞出，放入凉水中浸泡。
- 3 向烧热的锅中倒入橄榄油，下入番茄，加盐、意大利面，翻炒匀，盛出。
- 4 放上罗勒叶与奶酪粉装饰即可。

新手注意　可以加入适量的白糖来炒，这样可使番茄更快出水成糊。

青酱意大利面

材料

意大利面200克，罗勒叶30克，松子、椰丝各适量，蒜末10克

调料

盐4克，黑胡椒粉5克，橄榄油适量

做法

- 1 将罗勒叶洗净，沥干水分，连同熟松子、蒜末和橄榄油一起拌匀，打成泥。（其中，橄榄油要逐步添加。）
- 2 放入椰丝、黑胡椒粉和盐，继续搅拌1分钟，制成青酱。
- 3 面煮熟取出，沥干水分，装盘，拌入青酱即可。

新手注意　青酱拌意大利面，撒上些许整粒的松子仁，口感更棒。

意大利肉酱面

材料

意大利管面、牛瘦肉馅各200克，洋葱50克，椰丝、罗勒叶各适量

调料

番茄酱80克，盐5克，橄榄油15毫升，红酒适量，蒜20克

做法

• 1 洋葱、蒜洗净，切碎粒。

• 2 往锅中倒入橄榄油，烧热，放入洋葱粒和蒜粒，炒出香味，加入牛瘦肉馅拌炒均匀，倒入番茄酱、红酒，调入盐，略煮后离火，备用。

• 3 将意大利面放入沸水中煮约10分钟，捞出沥干水分。

• 4 将面条盛入盘中，放上炒好的肉酱，再撒上椰丝，放上净罗勒叶即可。

新手注意：材料中的牛瘦肉馅可根据个人喜好，换成其他肉馅；可以加入些罗勒叶，味道更好。

意式番茄酱面

材料

宽蛋面200克，罗勒叶少许

调料

番茄酱、盐各适量

做法

• 1 向锅中注入适量的清水，用中火将清水煮开。

• 2 加入盐，放入宽蛋面，一边煮一边搅拌均匀。

• 3 待锅中水再次煮开时，转小火，续煮大约6分钟。

• 4 将宽蛋面从锅中捞出，沥干水分，装入盘中。

• 5 在意面上倒入适量的番茄酱，用净罗勒叶点缀装饰即可。

新手注意：意大利面煮起来比较费时间，可以煮一会，盖盖焖，就很容易熟透了；没有罗勒叶也可换成月桂叶。

鸡肉意大利面

材料

鸡胸肉50克，意大利面100克，香芹叶适量，番茄30克

调料

盐2克，番茄酱适量，橄榄油10毫升，柠檬汁、白胡椒粉各适量

做法

- 1 向烧热的锅中注水，放入盐、意大利面，煮至熟，捞出用凉水浸泡。
- 2 将鸡胸肉洗净，煮熟，放凉后切条。
- 3 番茄与部分香芹叶洗净切碎；热锅中入橄榄油、番茄、鸡肉，加盐翻炒。
- 4 意面从冷水中捞出，放入锅中，加柠檬汁与白胡椒粉炒匀。
- 5 加番茄酱，与意面拌匀，盛出放上净香芹叶即可。

可在超市进口食品专柜买到半成品白汁，回家后稍稍加热，加入到鸡肉中，非常方便，味道鲜美。

意式沙丁鱼面

材料

意大利面条200克，沙丁鱼罐头50克，洋葱50克，西蓝花100克，松仁20克，葡萄干10克

调料

盐3克，白胡椒粉2克，橄榄油10毫升，柠檬汁15毫升，蒜末少许

做法

- 1 洋葱洗净切细丝；西蓝花洗净切朵。
- 2 向锅中注水烧开，放面条，煮10分钟捞出；西蓝花放入水中，焯3分钟捞出。
- 3 另起锅，倒橄榄油，爆香蒜末，放入洋葱、西蓝花、沙丁鱼罐头炒匀。
- 4 放入意大利面，加入盐、白胡椒粉与柠檬汁调味，最后放入洗净的葡萄干与松仁，翻炒片刻之后盛出即可。

如果觉得汤汁味道不够鲜浓，可再放入少许水和番茄酱，熬好汤汁，拌入意大利面条中。

蒜蓉拌面

材料

意大利面、蒜蓉、香菜叶末各适量

调料

盐3克，柠檬汁15毫升，橄榄油、番茄酱各适量

做法

• 1 将意大利面放入沸水中煮约10分钟，取出沥干水分。

• 2 向烧热的锅中注入橄榄油，将蒜蓉放入锅中爆香。

• 3 加入番茄酱，将意大利面倒入锅中，加入柠檬汁，拌匀后装盘，撒入香菜叶末即可。

新手注意 意大利面先放入沸水锅中焯至六七熟，然后再入油锅翻炒。

意式黄瓜面

材料

宽蛋面200克，黄瓜100克，罗勒叶少许

调料

盐、胡椒粉、葱花、橄榄油各适量

做法

• 1 黄瓜洗净切片；向锅中注水，中火煮开，加盐、宽蛋面，边煮边搅拌，煮开时转小火，续煮6分钟后捞出。

• 2 往锅中加入橄榄油、黄瓜、宽蛋面、盐、胡椒粉、葱花，炒匀，装盘。

• 3 用净罗勒叶点缀装饰即可。

新手注意 不管什么品种的黄瓜无疑都要选嫩的，最好是带花的。

意式鸡肉炒面

材料

鸡胸肉220克，意大利面200克，青豆30克，红椒50克，黄椒、香芹叶适量

调料

橄榄油20毫升，盐3克，黑胡椒粉4克

做法

- 1 向锅中注水，烧开，加盐、意大利面，煮至熟，捞出用凉水浸泡。
- 2 鸡胸肉洗净煮熟，放凉切块；青豆洗净；红椒、黄椒分别洗净切条。
- 3 鸡肉煎至金黄色，放青豆、红椒、黄椒、盐、意大利面、黑胡椒粉炒匀，撒净香芹叶即可。

在鸡胸肉入锅煎之前加水淀粉上浆，可使鸡胸肉更加滑嫩。

茄子番茄意面

材料

意大利面200克，百里香碎3克，茄子150克，番茄100克，帕尔马奶酪粉25克

调料

橄榄油20毫升，盐4克，白葡萄酒10毫升，番茄酱100克，蒜末5克

做法

- 1 意大利面煮熟，捞出沥干水分；茄子洗净切半圆片；番茄洗净切丁。
- 2 锅中注橄榄油烧热，放蒜末、茄子、番茄、百里香碎翻炒至食材断生。
- 3 加葡萄酒、盐、番茄酱、奶酪粉、意大利面炒匀即可。

如果要自制番茄酱，最好提前做，因为味道会随时间加强。

番茄酱拌意面

材料

意大利面200克，番茄酱200克，番茄100克，鲜罗勒叶适量

调料

盐3克，橄榄油20毫升，白葡萄酒10毫升，奶酪片少许，蒜蓉5克

做法

• 1 番茄洗净切块；意面入沸水中煮熟，取出沥干水分，装盘；部分罗勒叶切末。

• 2 热锅中注橄榄油，放入蒜蓉、罗勒叶、番茄、白葡萄酒、番茄酱、盐炒匀，倒在意大利面上拌匀，放奶酪片与罗勒叶装饰即可。

新手注意 此面中将番茄去皮后再炒制，可节约时间，味道更好。

酸瓜番茄意面

材料

螺旋形意大利面200克，酸黄瓜100克，番茄100克，白葡萄酒10毫升

调料

盐3克，黑胡椒粉5克，橄榄油20毫升

做法

• 1 意大利面入沸水中煮10分钟，取出；酸黄瓜、番茄洗净，切块。

• 2 热锅中注橄榄油，放入酸黄瓜、番茄、白葡萄酒、意大利面、盐、黑胡椒粉，炒匀。

• 3 关火，将意大利面盛出装盘即可。

新手注意 炒螺旋形意大利面时，要让螺旋部分粘上酱，口感更浓厚。

鸡油菌炒意面

材料

意大利面200克，鸡油菌100克，蒜末25克，净罗勒叶少许

调料

橄榄油20毫升，盐3克，黑胡椒粉4克

做法

- 1 向锅中注水，烧开，加盐、意大利面，煮至熟，捞出用凉水浸泡。
- 2 将鸡油菌洗净，沥干水分，备用。
- 3 向烧热的锅中倒入橄榄油，放入蒜末炒香，放入鸡油菌，加盐翻炒片刻。
- 4 将意大利面放入锅中，加黑胡椒粉，炒匀装盘，放上罗勒叶即可。

新手注意 在烹制鸡油菌时菇体很吸油，炒制时要放多一些橄榄油。

意大利蝴蝶面

材料

蝴蝶面200克，净圣女果200克，蒜末25克，香芹叶适量

调料

橄榄油20毫升，盐3克，白胡椒粉4克

做法

- 1 向热锅中注水，放入盐、蝴蝶面，煮5~8分钟至熟，捞出用凉水浸泡。
- 2 净圣女果对半切开；香芹叶洗净。
- 3 向热锅中倒橄榄油，放入蒜末、圣女果、盐、蝴蝶面、白胡椒粉，炒匀。
- 4 将面盛出装盘，撒上适量的香芹叶装饰即可。

新手注意 蝴蝶面面身造型非常容易沾食材，要多放些圣女果。

拿破仑螺丝面

材料

意大利螺丝面150克，百里香少许

调料

橄榄油10毫升，番茄酱适量，盐5克，白胡椒粉少许

做法

- 1 向锅中注入适量的清水，用大火煮开，加入少许盐，放入意大利螺丝面，煮约15分钟，捞出，沥干水分，保温，备用。
- 2 向平底锅内注入橄榄油，用中火烧热，挤入番茄酱，撒上白胡椒粉，翻炒均匀。
- 3 放入煮好的意大利螺丝面，加入盐，炒匀调味。
- 4 撒上百里香即可。

新手注意 要趁意大利螺丝面正热的时候，倒入酱料中，让面条可以尽可能地吸收番茄酱汁的味道。

海鲜炒螺丝面

材料

螺丝面150克，青椒、红椒各5克，虾80克，蛤蜊适量

调料

盐3克，法香碎、姜、白葡萄酒、奶油各适量

做法

- 1 青椒、红椒、姜均洗净，沥干水分，切丝；蛤蜊收拾干净，入沸水中汆烫；虾收拾干净。
- 2 螺丝面下水锅，加适量的盐煮熟，捞出沥干。
- 3 油锅烧热，姜入锅炒香后，放入蛤蜊和虾，加盐、青红椒、白葡萄酒炒至七分熟；螺丝面下锅炒匀。
- 4 出锅前倒入奶油和法香碎即可。

新手注意 虾要炒熟但不要炒老，最好在虾下锅前过一下蛋清，油温五层热时候下锅，大火快炒。

意大利千层面

材料

宽面条1包，牛肉末、洋葱碎、胡萝卜丁、香芹碎、奶油、面粉、红酒、奶酪丝、番茄丁、罗勒末、鲜奶、肉酱各适量

调料

蒜末、盐、豆蔻粉、橄榄油各适量

做法

• 1 洋葱碎、蒜末、罗勒末、番茄丁炒匀后熬煮成番茄酱汁；取锅倒油，放牛肉末、胡萝卜丁、洋葱碎、香芹碎、番茄酱、红酒和水熬煮。

• 2 另取锅，放奶油、面粉、盐、豆蔻粉、鲜奶拌匀成白奶油酱。

• 3 将面条煮熟捞起，拌橄榄油；烤盘刷奶油，依序放面条、肉酱、番茄酱、白奶油酱、奶酪丝，重复3次，烤熟即可。

新手注意 普通意大利千层面吃多了难免油腻，此意大利千层面加入了一些胡萝卜和香芹碎，口感会更好。

烤西蓝花意面

材料

意大利面100克，西蓝花80克，彩椒50克，百里香少许

调料

橄榄油10毫升，盐5克，胡椒粉适量

做法

• 1 西蓝花洗净切小朵；彩椒洗净切圈，百里香洗净切碎；锅中注水煮开，放意大利面，煮约15分钟取出，沥干水分。

• 2 烤盘中铺锡纸，放入西蓝花和彩椒，再均匀撒上盐、胡椒粉、百里香。

• 3 烤箱预热至180℃，烤20～30分钟，至食材表面上色、边缘微焦时取出。

• 4 锅置火上，注入橄榄油，下入意大利面，加入盐、胡椒粉，炒匀，盛出。

• 5 将西蓝花、彩椒放在面条上即可。

新手注意 烤制西蓝花时会渗出水，所以烤制的时候要特别注意烤制容器的选择，且西蓝花洗后水分要沥干。

 意大利粉沙拉

材料

鲜鱿、蟹柳、带子、石斑、意大利粉、蘑菇、红甜椒各适量

调料

沙拉酱适量，橄榄油15毫升

做法

• 1 蘑菇洗净，沥干水分，切成薄片；红甜椒洗净切丝。

• 2 海鲜入烧开的水中稍烫后加沙拉酱拌匀。

• 3 水烧开，放入意大利粉，煮至熟，捞出沥干。

• 4 平底锅中放入橄榄油，烧热，放入意大利粉、海鲜、蘑菇片、红甜椒炒匀至熟。

• 5 将炒好的意大利粉装盘即可。

喜欢甜味的朋友，可以在沙拉酱中加入适量的甜味鲜奶油，这样香味浓郁、甜味也会更重。

 肉酱通心粉

材料

通心粉150克，洋葱、番茄各20克，绞肉50克，芹菜叶适量

调料

番茄酱20克，奶酪丁、橄榄油各少许

做法

• 1 番茄洗净，沥干水分，将其剥皮切丁备用；芹菜叶洗净，沥干水分，切碎末；洋葱剥皮，洗净，沥干水分，切丁备用。

• 2 向锅中注水煮开，放入通心粉，煮熟后，捞出通心粉，装盘，加入少许橄榄油搅拌。

• 3 洋葱入锅爆香，加入番茄酱、番茄丁、绞肉、奶酪丁炒均匀，浇在通心粉上，撒上芹菜叶末即可。

选绞肉时，如果选用的是最瘦的牛肉馅，在放油时要减少用量，因为瘦的牛肉馅炒熟后，会出很多油。

虾仁通心粉

材料

通心粉100克，虾仁80克，杏仁50克，胡萝卜20克，罗勒叶少许

调料

橄榄油20毫升，盐5克，蒜、胡椒粉各适量

做法

• 1 材料洗净，将虾仁去皮、去虾线；杏仁切粒；胡萝卜去皮切丝；罗勒叶、蒜切末。
• 2 通心粉放入沸水锅中煮熟，捞出。
• 3 煎锅中注入适量橄榄油，烧热后下入虾仁，加入蒜末，炒至变色。
• 4 放入煮好的通心粉，再放入杏仁、胡萝卜，翻炒均匀。
• 5 加入盐、胡椒粉调味，撒上罗勒叶末即可。

新手注意 要把酱汁收得稍干为好，那样味道会更为浓郁；蔬菜可任意搭配，还可以用西葫芦条或黄瓜条。

凉拌通心粉

材料

通心粉150克，迷迭香20克

调料

橄榄油20毫升，盐5克，鸡粉5克

做法

• 1 将迷迭香洗净，沥干水分，切成末，备用。
• 2 向锅中注入适量的清水，大火烧开后，放入通心粉。
• 3 煮大约15分钟，取出，沥干水分，放凉，备用。
• 4 往放凉的通心粉中加入橄榄油、迷迭香末。
• 5 放入适量的盐和鸡粉，搅拌均匀，调味即可。

新手注意 通心粉在焖煮时，不要打开盖子，一定要焖熟、软；要将通心粉在沥水篮子或其他容器中充分沥干。

饭、饼

西式的米饭一般都是用生米直接炖，口感会比较硬一些，但吃起来也有一种淋漓尽致的享受。利用不同的食材和调味料烹制出的米饭，口味也大不相同，但都焦香而不腻，味道浓郁得每一口都让人回味无穷。

鱼干炒饭

材料

米饭1碗，小鱼干15克，青椒、红椒、胡萝卜、洋葱、熟芝麻各适量

调料

盐、酱油、白糖各少许

做法

• 1 把小鱼干放在筛网中轻轻摇晃，去掉小鱼干渣。

• 2 胡萝卜洗净，切丁；洋葱、青椒和红椒均洗净，切丝后再改成丁。

• 3 起油锅，烧热后依次放入小鱼干、胡萝卜、青椒、红椒和洋葱，用大火翻炒片刻。

• 4 倒入米饭，改中火将米饭炒至黄色，加入盐、酱油、白糖调味，再放入芝麻翻炒匀即可。

新手注意　芝麻有黑白两种，食用以白芝麻为好，补益药用则以黑芝麻为佳。

牛肝菌烩饭

材料

意大利米100克，鲜牛肝菌120克，奶酪20克，薄荷叶少许

调料

盐2克，白胡椒粉3克，白葡萄酒50毫升，蒜末、橄榄油各适量

做法

•1 大米洗净；牛肝菌洗净切丁。

•2 锅置火上，倒橄榄油，低温加热，放入蒜末、牛肝菌，翻炒，盛出备用。

•3 锅里再加橄榄油，倒入大米、牛肝菌、白葡萄酒，翻炒至米粒将水分完全吸干，加水拌炒，加盖烩煮15分钟。

•4 放入奶酪拌匀，煮2分钟至奶酪溶化，撒盐、白胡椒粉调味。

•5 装盘，用洗净的薄荷叶装饰即可。

步骤4中可以加入少量淡奶油，米饭会更具有奶香味，没有奶油用牛奶替换掉水也可以达到同样效果。

贻贝饭

材料

贻贝400克，大米200克，胡萝卜、香菇各50克

调料

盐、酱油、香油、葱花各适量

做法

•1 贻贝收拾干净，入开水锅中汆烫，捞起备用；大米洗净，浸泡片刻，捞起沥干；胡萝卜洗净切丁；香菇洗净撕片。

•2 净锅烧热，放入大米快速翻炒10分钟，加入盐、酱油、香油调味，再注入适量清水煮开，放入胡萝卜、香菇、贻贝翻炒均匀。

•3 盖上锅盖，用小火焖煮20分钟左右，撒上葱花即可。

贻贝在前期处理的时候，一定要保证清水下锅，温水、热水都不可以，这样贻贝才能煮开口。

西班牙海鲜饭

材料

鲜虾、蛤蜊各100克，大米80克，洋葱末10克，豆角、红甜椒各15克

调料

盐2克，咖喱粉8克，细砂糖10克，白胡椒粉、橄榄油各适量，西红花粉少许

做法

- 1 大米浸泡洗净；虾洗净；蛤蜊浸泡去泥沙；豆角、红甜椒均洗净切好。
- 2 向锅中倒橄榄油，烧热后放洋葱、大米拌炒，加西红花粉、清水煮5分钟。
- 3 将盐、咖喱粉、糖和白胡椒粉混合倒入锅中，快速拌炒，放入鲜虾、蛤蜊、豆角和红甜椒，炒匀，用大火煮8分钟至水分将收干。
- 4 小火焖煮10分钟至蛤蜊张开口。

新手注意 此西班牙海鲜饭为较清淡的一款，放海鲜的饭通常不宜使用番茄酱，否则会失去它原有的鲜味儿。

海鲜蔬菜炖饭

材料

大米50克，鲜虾150克，芦笋、洋葱、黄甜椒、鸡高汤各适量

调料

吉士粉10克，奶油、黑胡椒粉、橄榄油各适量

做法

- 1 洋葱、黄甜椒洗净，均切小丁；芦笋洗净；大米淘洗干净；鲜虾收拾干净备用。
- 2 向锅内注入橄榄油烧热，放入洋葱、黄甜椒，加生米、吉士粉拌匀，接着倒入鸡高汤煮开后，加入鲜虾同煮至大米熟软为止。
- 3 将煮好的饭盛盘，插上芦笋，挤入奶油，撒上黑胡椒粉即可。

新手注意 汤的量不要太多，稍稍没过材料就行，否则会变成一锅粥，把握不好的话可以一次少加点，分多次加。

藜麦蔬菜饭

材料

黑橄榄30克，番茄、黄瓜各60克，芹菜50克，洋葱50克，青椒50克，藜麦100克

调料

羊奶酪10克，香料、盐、胡椒粉各适量

做法

- 1 将藜麦洗净，用电饭锅蒸熟；再将羊奶酪加热溶化。
- 2 材料洗净，黑橄榄处理好；番茄切成小块；芹菜切成片；洋葱切成丝；青椒切成块；黄瓜切块。
- 3 向锅中注水烧开，放入番茄、芹菜、洋葱、青椒、黄瓜，焯好捞出。
- 4 取一碗，放入蒸好的藜麦、黑橄榄、焯好的食材，调入香料、盐、胡椒粉，加入羊奶酪，拌匀即可。

新手注意：此藜麦蔬菜饭中加入了30克的黑橄榄，因为黑橄榄含有的盐分较高，因此要适当少放食用盐。

烤焗饭

材料

煮好的米饭80克，胡萝卜50克，洋葱60克，牛肉末100克，洗净的生菜叶10克，马苏里拉奶酪丝80克

调料

橄榄油10毫升，盐4克，黑胡椒粉5克

做法

- 1 将胡萝卜、洋葱洗净切碎。
- 2 锅中放入橄榄油，烧热，放入胡萝卜、洋葱，炒香，加入牛肉末，调入盐、黑胡椒粉，炒至断生，关火取出。
- 3 取无底的方形模具，放入烤盘，再倒入煮好的米饭压实，再将炒好的食材倒入压实，表面铺上奶酪丝，放入烤箱。
- 4 烤10分钟至奶酪溶化呈金黄色，将烤盘拿出，撤模具，放生菜叶装饰即可。

新手注意：焗饭如果想快点，可以在饭中加入少量凉开水，用微波高火加热3分钟，以保证米饭的口感。

鼠尾草南瓜饭

材料

水发大米100克，南瓜100克，洗净的鼠尾草适量，鸡高汤400毫升

调料

盐3克，白胡椒粉少许

做法

- 1 南瓜洗净去皮切丁，煮熟捞出，部分南瓜丁压成泥，另一部分留做装饰。
- 2 将鸡高汤入锅中，放大米拌匀，加盖煮25分钟至熟，加盐、白胡椒粉调味。
- 3 将南瓜泥与部分鼠尾草入锅中拌匀，煮约3分钟之后盛入碗中，放南瓜丁、鼠尾草装饰即可。

尽量将南瓜切成小块，这样煮后的南瓜容易捣烂成泥。

佛手瓜苗炒饭

材料

米饭400克，佛手瓜苗150克

调料

盐4克，白胡椒粉2克，黄油30克，蒜末10克

做法

- 1 将佛手瓜苗洗净，切碎，备用。
- 2 将黄油放入平底锅中，小火加热至溶化，加入蒜末和佛手瓜苗，中火炒至食材断生。
- 3 将米饭倒入锅中，翻炒均匀，加盐、白胡椒粉调味，翻炒均匀。
- 4 将炒好的饭盛出，装入盘中即可。

佛手瓜食用时要将皮去净，瓜缝隙中的瓜皮也要清理干净。

鸡油菌烩饭

材料

米饭400克，鸡油菌150克，淡奶油150克，蒜末10克，鲜莳萝草5克

调料

盐4克，白胡椒粉2克，黄油30克

做法

- 1 将鸡油菌洗净，沥干水分，备用。
- 2 将黄油放入平底锅中，小火加热至溶化，加入蒜末和鸡油菌，中火炒片刻后加入淡奶油。
- 3 将米饭倒入锅中，翻炒均匀，加盐、白胡椒粉调味，焖1分钟入味。
- 4 盛出，放上洗净的鲜莳萝草即可。

新手注意 在烹制烩饭时，汁水容易烧干，可以分次加入热水。

胡萝卜鸡肉饭

材料

煮熟的米饭150克，鸡肉50克，胡萝卜丝50克，彩椒20克

调料

盐3克，食用油20毫升，黑胡椒粉适量

做法

- 1 鸡肉、彩椒洗净切块。
- 2 向锅中注入清水，大火烧开，放入鸡肉，汆烫，捞出，沥干水分。
- 3 向锅中注油烧热，放彩椒、胡萝卜翻炒，再放入煮熟的米饭，续炒片刻。
- 4 放入鸡肉，炒匀，加盐、黑胡椒粉调味即可。

新手注意 煮好的鸡肉，可稍煎后再同米饭一起炒，味道更好。

那不勒斯披萨

材料

面粉300克，蘑菇 200克，鸡胸肉100克，洋葱丝适量，马苏里拉奶酪适量

调料

黄油20克，酵母20克，披萨酱适量，盐10克，细砂糖少许

做法

- 1 蘑菇、洋葱、鸡胸肉洗净，入锅，加盐煮熟；鸡胸肉撕成细丝。
- 2 干酵母用温水调匀，静置10分钟；面粉、盐、糖混合后，加入酵母水揉成团，加入黄油揉匀，放温暖处发酵。
- 3 面团分四份擀成圆片，放在已加热的石板上整形并叉一些小孔；面饼上涂披萨酱，撒上马苏里拉奶酪和鸡肉丝，铺上洋葱和蘑菇，入烤炉烤10~15分钟即可。

鸡肉可以更换成牛肉或猪肉，都很好吃，还可放入一些青菜，能更好地解油腻，色香味俱全。

奶酪饭披萨

材料

米饭1碗，土豆200克，鸡蛋100克，胡萝卜、泡菜各50克，面粉、奶酪、大麦粉各适量

调料

盐、胡椒粉各少许

做法

- 1 土豆洗净，入沸水锅中煮透，捞起去皮碾碎；鸡蛋加盐搅成蛋液；胡萝卜洗净切碎；泡菜剁碎。
- 2 将米饭、土豆、胡萝卜、泡菜搅匀，加盐、胡椒粉调好味，做成圆形状的饼，刷上蛋液；再将饼依次裹上面粉、奶酪、大麦粉，做成披萨。
- 3 将披萨放到烤箱中，烘烤8分钟，取出即可。

做好的披萨在放入披萨盘之前，披萨盘最好抹一层橄榄油，以免粘连，不好取出。

薄脆蔬菜披萨

材料

墨西哥饼皮1片，三色甜椒丝30克，蘑菇3朵

调料

番茄酱、奶酪丝各适量

做法

• 1 蘑菇洗净，沥干水分，切成小片，备用。

• 2 将墨西哥饼皮放入烤箱，以150℃的炉温烘烤2分钟后取出，涂上一层番茄酱，均匀铺上三色甜椒丝、蘑菇片，撒上奶酪丝。

• 3 将铺好蔬菜的饼皮放入烤箱，以180℃的炉温烤约10分钟，至奶酪丝溶化且饼皮表面呈金黄色即可切片食用。

墨西哥饼皮应该一面略微呈焦黄色，另一面保持白色，烤的时间不能太长，否则饼皮会变得易碎。

火腿青蔬披萨

材料

中筋面粉600克，干酵母5克

调料

奶油、番茄酱、奶酪丝、盐、细砂糖各适量

馅料：罐装玉米粒、罐装金枪鱼、罐装菠萝片、火腿片、黑橄榄、蘑菇、青椒、红甜椒各适量

做法

• 1 干酵母加水拌匀，与面粉、盐、细砂糖揉成团，再加奶油，揉匀。

• 2 盖上保鲜膜，松弛20分钟后，取出分5个小面团，揉圆并松弛8分钟左右。

• 3 将面团揉成圆饼放烤盘内，刷番茄酱，撒奶酪丝，再放馅料，再撒一层奶酪丝，烤至表面微焦黄即可。

火腿青蔬披萨出炉后，如果不确定是否熟了，可以看饼皮底部，底部发白说明面包还没有熟。

鸡蛋烤薄饼

材料

鸡蛋2个，苹果1个，牛奶1/2杯

材料

葡萄醋1大匙，红酒1/4杯，烧盐（烘焙过的精盐）少许，橄榄油少许

做法

• 1 将鸡蛋蛋黄、蛋白分离，然后把蛋黄部分放入碗中，倒入牛奶和烧盐搅拌均匀。

• 2 向锅中倒入橄榄油，加热后将步骤1的蛋黄倒入锅中，煎出3~4片约10厘米大小的蛋皮。

• 3 苹果洗净，横切成薄片后去除中间的籽。

• 4 向加热好的锅内倒入红酒和葡萄醋，然后将苹果切片放入锅中烹煮一段时间；将制作好的鸡蛋薄烤饼摺成甜筒状，在小盘子中摆放2~3个成花瓣状，上方再摆上苹果片。

新手注意

苹果在空气中很容易被氧化，而青柠檬含有丰富的维生素C，其抗氧化能力很强，所以将苹果切成片后，可迅速放入青柠檬泡好的水中，这样能够有效防止苹果的果肉被氧化。

墨西哥卷饼

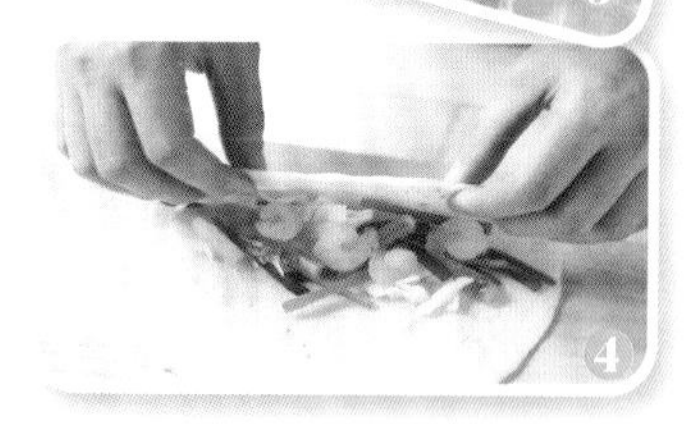

材料

玉米薄饼12张，鲜虾200克，包菜20克，洋葱50克，红甜椒1个，青椒1个，墨西哥辣椒6个

调料

莎莎酱：捣碎的番茄、捣碎的青椒、捣碎的红甜椒、捣碎的洋葱、捣碎的香菜、柠檬汁、细砂糖、食醋各适量

做法

- 1 如果所购买的玉米薄饼是冷藏食品，要先入锅中以不加油的方式加热。
- 2 将去壳洗净的鲜虾放入盐水中浸泡后，将水分充分沥干。
- 3 将包菜、洋葱、红甜椒和青椒均洗净切丝；墨西哥辣椒切半；用指定的食材制成莎莎酱。
- 4 往玉米薄饼上放入所有食材与莎莎酱一起装盘即可。

墨西哥辣椒是具有强烈味道的辣椒，一般人可能很难直接放入口中食用，因此，可以将墨西哥辣椒放入玉米薄饼中，再搭配鲜虾和各种蔬菜制作出别具风味的玉米薄饼。

委内瑞拉薄饼

材料

玉米面150克，白面50克，猪肉、番茄、洋葱、胡萝卜、奶酪、生菜丝各适量

调料

盐3克，酱油6毫升，细砂糖25克，牛奶250毫升，酵母粉5克

做法

• 1 将玉米面和白面放盆中拌匀；酵母粉用温牛奶化开入盆，加糖拌匀，盖上保鲜膜放置发酵成面糊；烧热油锅，舀一勺面糊入锅，中小火煎至两面金黄。

• 2 猪肉洗净切末；番茄、洋葱洗净切丁；胡萝卜洗净切丝；奶酪刨细丝。

• 3 肉末入锅翻炒，加盐、酱油、洋葱炒匀，盛在玉米饼上，撒番茄、生菜丝、胡萝卜丝、奶酪丝即可。

如果是用牛奶和的面，煎出来饼皮会很软且具有奶香味；番茄、洋葱也可以换成其他蔬菜。

苏富拉奇饼

材料

披萨面皮1张，猪肉150克，洋葱80克，青椒、黄椒、红椒丝各25克，草菇20克，罗勒叶适量，奶酪酱40克

调料

盐2克，红酒、柠檬汁、橄榄油各适量

做法

• 1 面皮放入抹好油的烤盘中，放入已预热200℃的烤箱中，烤6分钟取出；猪肉洗净，切片，用盐、红酒、柠檬汁腌渍入味；洋葱、青椒、黄椒、草菇洗净，切丝。

• 2 烤盘刷油，放面皮，抹上奶酪酱。

• 3 放入肉片，再铺上洋葱、青椒、黄椒、红椒丝，再抹上少许奶酪酱。

• 4 放入200℃的烤箱中，烘烤至熟，放上净罗勒叶。

披萨盘底部可以散上一些玉米面，烤好后方便取出披萨，而且使披萨底部带着淡淡的玉米香味。

墨西哥发吉达

材料

墨西哥饼2张，牛肉酱120克，番茄、酸黄瓜、生菜叶、鸡汤各少许

调料

橄榄油30毫升，蒜末、姜末、辣椒末各6克，盐3克，白胡椒粉5克，番茄酱适量

做法

• 1 番茄洗净，切片；酸黄瓜切小片；生菜叶洗净。

• 2 向锅中注入橄榄油加热，放入蒜末、姜末、辣椒末爆香，再将牛肉酱放入锅中翻炒2分钟，倒入少许鸡汤焖煮至熟，再加盐和白胡椒粉调味拌匀成馅。

• 3 将墨西哥饼平铺在案板上，将馅料均匀地放在饼上，放上番茄、酸黄瓜、生菜叶，淋上番茄酱，卷成卷即可。

可自己制作牛肉酱：牛肉切粒后加调料，全程小火炒匀即可；若需要保存时间长，则油量要多些。

西班牙奄列

材料

香肠1根，鸡蛋2个，生菜叶适量，红椒10克

调料

盐2克，胡椒粉少许，食用油20毫升

做法

• 1 将鸡蛋打入碗中，加盐、胡椒粉搅拌均匀；红椒洗净，切成丝。

• 2 生菜叶洗净，部分切碎备用。

• 3 香肠洗净，切成片。

• 4 将切好的材料倒入蛋液中搅匀；煎锅注入适量食用油烧热，倒入蛋液，用锅勺轻轻地搅动，煎至蛋液至六成熟。

• 5 加入切好的香肠片，继续煎至蛋液凝固成型，成蛋饼，并盛入装有生菜的盘中，撒上切好的生菜碎即可。

摊蛋皮时，先把锅烧到很热时再倒油，然后把油倒出来，待稍凉再下鸡蛋液，这样不粘锅。

墨西哥薄饼

材料

墨西哥薄饼8片，胡椒口味的香肠80克，洋葱1个，西蓝花50克，圣女果10个

调料

切达奶酪片4片，披萨奶酪丝100克，盐少许，番茄醋、番茄酱、捣碎的蒜、细砂糖、蚝油、牛奶、橄榄油各适量

做法

- 1 西蓝花洗净切朵，焯熟；洋葱洗净切条；圣女果切4等份；香肠切细片。
- 2 锅注油烧热，下大蒜、圣女果、醋、番茄酱、砂糖和蚝油后，拌匀加热，再倒入牛奶，制成番茄莎莎酱。
- 3 在薄饼上涂抹番茄莎莎酱。
- 4 再放入西蓝花、洋葱条、圣女果，香肠片、奶酪片和奶酪丝，折半盖上，放入烤箱，以180℃烤15分钟即可。

新手注意 墨西哥薄饼先用温火稍微加热一下，让面皮变得柔软一些，但切忌时间过长，否则面皮就会发硬，最后变得像饼干一样的脆。还有炒蔬菜的过程中，少放点蚝油，以防味道过浓。

奶油蟹肉饼

蟹肉（蟹肉棒）200克，奶油奶酪20克，核桃20克，酸豆30克，低盐饼干20克

调料

鱼子酱20克

做法

- 1 将蟹肉洗净，切半后撕成细条状。
- 2 将核桃的外皮剥去后，用刀切成较小的形状。
- 3 将蟹肉、核桃、酸豆和奶油奶酪放入调理碗中搅拌均匀。
- 4 在低盐饼干上先涂上步骤3所制作的酱料，最后再涂上少许鱼子酱即可。

新手注意

味道鲜美的蟹肉加上奶油奶酪，类似这样的料理相当适合搭配较酸涩的酒一起食用；另外在本道料理中添加的核桃，如果炒香后再使用，可以增添奶油蟹肉饼的香味。

other

其他

新鲜出锅的意大利饺子散发着浓浓的奶酪香气，带来一种新奇的、独特的异域风味！经典的汉堡、美味过瘾的披萨、营养丰富的三明治……一道道非常受欢迎的食物，令人沉醉其中，“根本停不下来”。

黄瓜三明治

材料

黄瓜45克，奶酪25克，面包片15克

调料

沙拉酱适量

做法

- 1 把面包片的边缘修整齐，再沿对角线切成两片；黄瓜洗净，切薄片，切细丝，改切成粒；奶酪切丝，改切成粒。
- 2 取一个干净的碗，倒入黄瓜、奶酪，挤入适量沙拉酱，搅拌匀，待用。
- 3 取一片面包，放平，放入拌好的材料，摊平铺开，再挤入少许沙拉酱。
- 4 放上另一片面包，夹紧，制成三明治，另取一盘，放上做好的三明治，摆好盘即可。

新手注意 可用勺子把做好的三明治边缘修干净，这样外形更美观。

汇总三明治

材料

米饭1碗，土豆200克，鸡蛋100克，胡萝卜、泡菜各50克，面粉、奶酪、大麦粉各适量

调料

盐、胡椒粉各少许

做法

- 1 将土豆洗净，入沸水锅中煮透，捞起去皮碾碎；鸡蛋加盐搅成蛋液；胡萝卜洗净切碎；泡菜剁碎。
- 2 将米饭、土豆、胡萝卜、泡菜搅匀，加盐、胡椒粉调好味，做成圆形状的饼；再将饼依次裹上面粉、奶酪、大麦粉，做成披萨。
- 3 将做好的披萨放到烤箱中，烘烤8分钟即可。

早餐时可以放入煎好的培根，再搭配一些新鲜水果一起食用，既营养又美味。

起酥三明治

材料

烤吐司4片，起酥皮1个，黄瓜丁、生菜叶、番茄各30克，鸡蛋4个，火腿片、奶酪片各1片

调料

沙拉酱各适量

做法

- 1 番茄洗净，切片；鸡蛋1个入碗搅成蛋汁；再将另一个鸡蛋入另一碗，滤去蛋白，搅成蛋黄液；剩下的鸡蛋煮熟去壳切碎，加黄瓜丁及沙拉酱拌匀，制成鸡蛋沙拉。
- 2 烤吐司抹上沙拉酱，取1片摊平铺入生菜、火腿片，盖上第2片吐司，铺入鸡蛋沙拉，盖上第3片吐司，铺入番茄及奶酪片，盖上第4片吐司，压紧，铺上起酥皮，刷蛋黄液，入烤箱烤熟即可。

可以选用白吐司代替，将其放入煎锅中，煎至两面呈金黄色，捞起，沥干油，同样美味。

牛排三明治

材料

杂粮面包1个，牛排、生菜、洋葱丝、青椒丝、蘑菇各适量

调料

牛排酱20克，胡椒粉、番茄沙拉酱各适量

做法

• 1 蘑菇洗净，去梗切片备用。

• 2 油锅烧热，入牛排煎至五分熟，加洋葱、青椒、蘑菇及牛排酱、胡椒粉煎至七分熟，盛出，做成黑胡椒牛排；杂粮面包横切开，不要切断，切面涂抹番茄沙拉酱，夹入生菜及黑胡椒牛排，略为夹紧即可。

新手注意 选购洋葱以球体完整，表皮光滑，外层保护膜较多的为佳。

炸鸡排三明治

材料

吐司4片，鸡排、奶酪片各少许，生菜叶、番茄、黄瓜各30克，柳橙片少许

调料

番茄沙拉酱10克

做法

• 1 黄瓜、番茄洗净均切片；油锅烧热，入鸡排炸至金黄色，待凉。

• 2 吐司入锅煎至金黄色；取1片摊平，铺入炸鸡排，盖上第2片吐司，铺奶酪片、柳橙及黄瓜，盖上第3片白吐司，铺生菜、番茄，抹番茄沙拉酱，盖上第4片吐司即可。

新手注意 每铺上一片吐司，都适当地夹紧一下。

金枪鱼三明治

材料

鸡蛋80克，全麦吐司2片，番茄25克，金枪鱼罐头40克，玉米粒罐头15克，生菜适量

调料

美乃滋少许

做法

- 1 生菜、番茄洗净，均切片备用；鸡蛋入沸水锅煮熟后，剥皮切片。
- 2 打开金枪鱼罐头与玉米粒罐头，取出，加入美乃滋搅拌均匀。
- 3 取一片吐司放上上述材料，盖上另一片吐司即可。

新手注意 可在两片吐司上都抹上黄油，以免被蔬菜里的水分浸湿。

炸奶酪三明治

材料

吐司4片，奶酪片2张，火腿、奶油、蛋液、面粉各适量

调料

细砂糖少许

做法

- 1 吐司切掉四边；火腿切片；将蛋液、面粉、细砂糖调匀，做成面糊。
- 2 取一片吐司刷上奶油，放上奶酪片、火腿，再取一片吐司扣上，做成三明治。
- 3 油锅烧热，放入三明治炸至金黄色即可。

新手注意 奶酪片不可购买太多，打开包装后应尽快食用完。

高纤三明治

材料

全麦吐司4片，生菜30克，苹果、火龙果各适量，熟核桃20克，香芹40克，奶酪片1片

调料

豌豆沙拉酱20克

做法

• 1 生菜剥下叶片洗净；苹果洗净去皮及核；火龙果洗净去皮，均切片；香芹去叶片及老茎，洗净切小段备用。

• 2 全麦吐司放入干锅中煎至呈金黄色，盛出，抹上豌豆沙拉酱，取1片摊平，铺入生菜、苹果，盖上第2片全麦吐司，铺入火龙果和熟核桃，盖上第3片全麦吐司，铺入奶酪片与香芹，再盖上第4片全麦吐司，盛出切块即可。

新手注意

生菜叶洗完后一定要沥干，再用厨纸把菜叶擦干。这样，菜叶才不会把吐司片给浸湿，影响口感。

橙片三明治

材料

全麦吐司4片，柳橙1个，鸡蛋1个，生菜叶2片，火腿2片

做法

• 1 柳橙洗净，沥干水分，削皮，横切成薄片。

• 2 生菜洗净，沥干水分，备用；鸡蛋入锅煎熟。

• 3 将吐司夹一片火腿片，再夹一片吐司、柳橙片。

• 4 再夹一片吐司、生菜、鸡蛋，依顺序层层铺好，切边，再沿对角线斜切成两份。

新手注意

炒熟的鸡蛋放一边凉凉，再放入全麦吐司内。因为热鸡蛋若遇上生菜，生菜会被烫熟，容易出汁。

意大利三明治

材料

土司面包、培根、熏鸡肉、火腿片、奶酪片、鸡蛋、番茄、生菜各适量

调料

鲜奶15毫升，沙拉酱、蜂蜜各适量

做法

• 1 生菜剥下叶片洗净，撕成吐司大小；番茄洗净切片；熏鸡肉、培根均切片。

• 2 鸡蛋入锅煎熟，切成方片；吐司面包均刷上一层蛋黄，再刷上一层蜂蜜。

• 3 将吐司放入100℃的烤箱，烤10分钟取出；取一片吐司摊平，依序放上奶酪片、熏鸡肉、火腿片、培根及番茄，盖上第2片吐司，抹上沙拉酱，放上奶酪片、培根，铺上生菜叶，放上煎好的鸡蛋、番茄、火腿片，盖上第3片吐司压紧即可。

蜂蜜要尽量均匀地涂抹在吐司面包表面上，这样烘烤出来的吐司更加呈现金黄色，外形更加美观。

健康三明治

材料

番茄1个，鸡蛋1个，猕猴桃20克，吐司2片，青苹果半个

调料

盐3克

做法

• 1 将番茄、猕猴桃、青苹果洗净，去皮后切片。

• 2 锅内油烧热，鸡蛋打匀，加适量盐调味后下入锅中煎成蛋皮。

• 3 将洗净的番茄、猕猴桃片均平铺在吐司上。

• 4 将蛋皮铺在另一片吐司上，再放上青苹果。

• 5 再把两片吐司叠放好，放入烤箱烤熟即可。

制作三明治时使用的吐司必须要新鲜，吃起来口感才会好。

美味三明治

材料

吐司4片，鸡蛋1个，番茄1个，火腿50克，肉片、生菜各30克

调料

沙拉酱少许

做法

• 1 将番茄洗净切片；火腿切片；生菜洗净切片。

• 2 将肉片、鸡蛋分别入煎锅煎至两面金黄。

• 3 将吐司片放进烤箱，烤至两面金黄时取出。

• 4 在吐司上放上生菜、肉片、火腿片，再放上番茄片，调入沙拉酱，以此法叠三片吐司后，夹上鸡蛋，再盖上一片吐司压紧，对角切成4瓣即可。

新手注意 可以取番茄挤汁，把汁液倒肉片中搅匀，吸收掉番茄汁，这样肉片吃起来口感润滑不柴。

牛扒三明治

材料

进口肉眼牛扒150克，炸土豆丝60克，面包片少许，洗净的生菜、洋葱、番茄、香芹各适量

调料

生抽15毫升，盐2克，红酒、三明治沙拉酱各适量

做法

• 1 洋葱、番茄均切圈；香芹切段；将香芹和洋葱圈炒熟。

• 2 用生抽、盐、红酒将洗净的牛扒腌渍30分钟，然后用锡纸包起来放入已预热好的烤箱中烤10分钟。

• 3 烤好的牛扒摆盘，再将番茄、生菜、洋葱、香芹、面包片和炸土豆丝均摆在牛扒上，淋上三明治沙拉酱即可。

新手注意 牛扒腌渍时，不宜过久，否则会导致肉汁流失；皮蛋瘦肉粥、牛奶、热橙汁与其搭配都是很棒的。

火腿鸡蛋三明治

材料

面包片150克，鸡蛋液、火腿各100克，番茄、生菜各适量

调料

盐50克，番茄酱、橄榄油各适量

做法

• 1 将火腿去除包装，切成片；番茄洗净，切成片，摆入盘中；生菜洗净；将鸡蛋放入平底锅，注入适量橄榄油，加入盐，煎熟。

• 2 取面包片，上面平铺火腿、鸡蛋，挤入番茄酱，再放一层面包片，再平铺上火腿、番茄和生菜，挤上番茄酱，最后放一层面包片，轻轻地压实。

• 3 用刀切掉边角皮，对折切开即可。

新手注意 鸡蛋最好用搅拌器搅拌成鸡蛋液，然后再放入平底锅里煎熟，这样才能煎出较完整的蛋皮。

鸡蛋沙拉三明治

材料

杂粮吐司100克，鸡蛋100克，黄瓜50克，洋葱20克

调料

沙拉酱适量，奶酪、盐各少许

做法

• 1 将杂粮吐司切成片状；黄瓜洗净，切成小丁；洋葱洗净，切成碎末；鸡蛋放入沸水锅中煮熟。

• 2 煮好的鸡蛋去壳，切碎后放入碗中，放入洋葱碎和黄瓜丁，加入沙拉酱、盐和奶酪拌匀，制成鸡蛋沙拉。

• 3 将一片杂粮吐司平铺，挤上鸡蛋沙拉，再将另一片杂粮吐司盖在上面，用刀将三明治切成块状即可。

新手注意 杂粮吐司可以先放入烤箱烘烤一会儿，然后再均匀地涂抹鸡蛋沙拉，外形会更好看。

肉酱多拿滋

材料

长形多拿滋2个，辣肉酱罐头半罐，生菜30克，番茄半个，奶酪片2片

调料

特制沙拉酱20克

做法

• 1 生菜剥下叶片洗净，切丝；番茄去蒂，洗净，切片备用。

• 2 辣肉酱罐头打开，取出肉酱放入碗中加入生菜拌匀。

• 3 多拿滋从中间切开，不要切断，涂抹沙拉酱，夹生菜、奶酪片、番茄及辣肉酱，夹紧即可。

新手注意 制作好的肉酱多拿滋配上一杯热热的牛奶，美味又营养。

菠菜汉堡

材料

汉堡坯1个，牛肉300克，洗净的菠菜100克，番茄片、洋葱、生菜、鸡蛋、面粉、牛奶各适量

调料

盐、胡椒粉、番茄酱、细砂糖各少许

做法

• 1 牛肉洗净剁碎；菠菜焯水切碎；生菜洗净；洋葱切碎炒熟；鸡蛋炒熟。

• 2 所有材料放入碗内，加盐、胡椒粉搓成饼煎熟；将番茄酱、糖调成酱汁。

• 3 将番茄片、生菜、牛肉饼和酱汁一起夹入汉堡坯中。

新手注意 牛肉应横切，不能顺着纤维组织切，否则会影响口感。

培根汉堡

材料

圆形汉堡面包1个，培根2片，洋葱半个，蘑菇2个，生菜30克，鸡蛋2个

调料

特制沙拉酱15克，盐、黑胡椒粉各少许

做法

• 1 面包横切两片，切面抹沙拉酱；生菜洗净；鸡蛋加盐搅匀；洋葱洗净切丝；蘑菇洗净切片；将洋葱、蘑菇加盐炒熟成馅；培根煎熟；蛋汁煎成蛋皮。

• 2 蛋皮上放馅料对摺成蛋包；面包依序铺生菜、蛋包、培根，撒黑胡椒粉，盖面包片。

如果培根太咸，放入牛奶中浸泡，可使其味道变淡。

泡菜汉堡

材料

汉堡坯1个，泡菜、青椒、红椒、火腿、鸡蛋、奶酪各适量

调料

番茄酱、盐、香油、细砂糖各少许

做法

• 1 泡菜剁碎，加糖、香油拌匀；青椒、红椒均洗净，剁成细末；火腿切细；鸡蛋打入碗中，加盐拌匀。

• 2 将蛋液加青椒、红椒、火腿、盐搅拌均匀后倒入烧热的油锅，煎成蛋饼。

• 3 汉堡坯剖两半，抹番茄酱，夹入蛋饼、泡菜、奶酪。

可将变硬的火腿放在牛奶中浸泡一会儿，恢复它们的鲜美。

最好将芝麻汉堡坯放在白纸上，用面包刀将其平切成两半，这样操作台上就不会出现切痕。

芝麻火腿汉堡

材料

芝麻汉堡坯1个，火腿片40克，煎鸡蛋4个，生菜叶适量

调料

沙拉酱、橄榄油各适量

做法

- 1 将火腿片放入油锅中，用小火煎至金黄色。
- 2 把芝麻汉堡坯放在白纸上，用刀平切成两半，打开。
- 3 先在其中一块面包上面，挤入适量的沙拉酱，放上生菜叶，挤入适量的沙拉酱，放上煎鸡蛋，再次挤入适量的沙拉酱。
- 4 放上火腿，挤入沙拉酱，盖上另一块面包，制成汉堡包，装入盘中即可。

肉馅最好在一个平底的、大的容器中摔打，这样肉馅容易摔打上劲，并且口感会细腻滑嫩。

德国汉堡

材料

汉堡坯1个，牛肉末200克，洋葱、生菜、酸黄瓜、番茄各适量

调料

盐、黑胡椒粉、香草碎、辣椒粉、橄榄油各适量

做法

- 1 酸黄瓜切薄片；洋葱洗净一半切碎，一半切圈；番茄洗净切片；生菜洗净。
- 2 肉末里放洋葱、黑胡椒粉、香草碎、辣椒粉、盐和油，大力搅至上劲。
- 3 将肉末团成大肉丸，放入煎锅按扁煎成肉饼；汉堡破为两片，一片放肉饼。
- 4 肉饼上铺上生菜叶，再放上番茄片、洋葱圈、酸黄瓜片，最后放上另一片汉堡即制作完成。

明虾潜艇堡

材料

法国面包150克，明虾3只，生菜、番茄各30克，奶酪片1片，猕猴桃半个，玉米粒罐头20克

调料

特制沙拉酱适量

做法

- 1 生菜去根部，洗净；番茄去蒂，洗净，切片；猕猴桃去皮，切片；玉米粒罐头打开，取出玉米粒备用。
- 2 明虾洗净，放入开水中烫至熟，捞起，沥干，去壳备用。
- 3 法国面包对半切开，不切断，夹入生菜、奶酪片、番茄、猕猴桃、明虾及玉米粒，淋入特制沙拉酱，略为夹紧，即可盛出。

明虾入锅烫煮的时候，可在开水中放入适量的柠檬片，这样可使明虾味更鲜美而且无腥味。

贝果海鲜堡

材料

贝果面包1个，洋葱、柳橙各半个，金枪鱼肉100克，香芹10克

调料

奶油沙拉酱15克

做法

- 1 贝果面包横切成2片。
- 2 洋葱去皮，洗净，沥干水分，切成洋葱圈；金枪鱼洗净，沥干水分，切片；柳橙洗净，切片，去皮及籽；香芹洗净，切末备用。
- 3 将贝果面包摊平抹奶油沙拉酱，铺洋葱圈、金枪鱼片及柳橙。
- 4 最后撒上香芹，盖上另一片贝果面包，略为压紧，即可盛出。

金枪鱼的选购主要是看色泽，冰鲜金枪鱼呈暗红色或褐色，且颜色天然不均匀，背部较深腹部较浅。

培根热狗可颂

材料

可颂面包2个，热狗肠2根，培根、生菜叶、黑橄榄各适量

调料

特制沙拉酱20克，芥末酱、番茄酱各少许

做法

- 1 可颂面包横切成2片；生菜叶洗净。
- 2 培根对半切段，摊平包入热狗肠，以牙签穿入，入油锅煎熟，盛出，取出牙签做成培根热狗卷。
- 3 将下片可颂面包摊平，抹上特制沙拉酱，铺入生菜、培根热狗卷，盖上上片可颂面包，压紧，放上黑橄榄，固定好，挤上芥末酱、番茄酱，盛出，装盘即可。

新手注意 无需放盐，培根、热狗和酱料中都自带了盐味；没用完的培根放于冷冻柜里冷藏，下次用时解冻即可。

黑椒火腿可颂

材料

卷筒形可颂面包1个，生菜30克，小黄瓜、洋葱各50克，黑胡椒火腿、奶酪片各3片

调料

特制沙拉酱20克，美乃滋、番茄酱均各15克

做法

- 1 生菜去根部，洗净；洋葱去皮，洗净，切细丝；小黄瓜洗干净，将其切成片备用。
- 2 可颂面包直切开两半，不要切断，切面抹入特制沙拉酱，夹入生菜、黑胡椒火腿、奶酪片、小黄瓜及洋葱，淋上美乃滋、番茄酱，略为夹紧，即可盛出。

新手注意 黑胡椒火腿预先烤好，或者用油炸也行，但不能炸干，否则口感不好；卷筒形可颂面包必须是咸的。

Part 5

西餐礼仪

在人际交往日益广泛的今天，西餐对我们来说已经不陌生了，甚至很多人越来越喜爱它了，因为它总让人联想到烛光、钢琴、红酒、牛扒……这些都代表着“浪漫”。在前几章里，我们了解了如何在家制做美味西餐了，然而，很多时候享用西餐是在专门的西餐厅里进行的，此时就需要注意一些必要的礼仪，因为注重礼仪是享用西餐很重要的一个环节，除了吃相要好看、优雅之外，举止也要保持端庄、大方，这样才能给自己和别人营造一个舒适、轻松的氛围。

餐前礼仪

就餐者若想有一个轻松舒适的进餐环境，以及更好地享用精美可口的美食，就需要在进餐前了解一些必要的礼仪，从而使人与人之间的交流更为融洽。下面简单介绍几项重要的礼仪内容。

预定餐位

一般的西餐厅通常都有预订专用电话或其他预订系统，在用餐前，需要提前定位。预订时，要说清楚预订人的姓名，用餐时间与用餐人数，是否要订全套套餐，同时也要表明是否要吸烟区或视野良好的座位。如果是生日或其他特别的日子，可以告知就餐的目的和预算。预订之后，应当准时出席，这是基本的礼仪。如因故必须取消用餐，务必要电话通知西餐厅。

用餐衣着

用餐时，穿着得体是欧美人的常识。去西餐厅用餐，再昂贵的休闲服也不能随意穿着，服装必须高雅端庄，勿过分花哨暴露。男士要穿着整洁的上衣和皮鞋；女士要穿套装和有跟的鞋子。如果指定穿正式服装的话，男士必须打领带。还有女性在戴帽子时，若帽沿过大会影响他人用餐，此时，就需要脱去帽子。

摆放餐具

西餐餐具摆放有一定的规矩。餐具放置的范围，以每一位客人使用桌面横约60厘米、直约40厘米为准。餐刀一只，置于底盘的右侧，刀口面得朝向底盘；汤匙一只置于餐刀的右外侧，匙心向上；餐叉两只，底盘的左内侧是生菜叉一只，紧接着左外侧是餐叉一只，叉齿向上；点心叉及点心匙各一只，摆置在底盘的前上端。可依用餐顺序---前菜、汤、副菜、主菜、蔬菜类菜肴，视个人所需而由外侧至内侧使用。

餐前入座

最得体的入座方式是从左侧入座，通常女士先入座，男士后入座。由侍应者帮助女士拉椅子，或由在场男士帮助女士入座。入座时，要轻、稳、缓，走到座位前，转身后轻稳地坐下。如果椅子位置不合适，需挪动椅子的位置，应当先把椅子移至合适的位置，然后再入座，而坐在椅子上移动位置是有违社交

点菜礼节

在点菜时，宴客者通常会将点菜权交给宾客，且长辈先于晚辈，女性先于男性。最重要一点是，未经过宴客者的同意而擅自点用最贵的菜式，或者点两道主菜，都是一种很不礼貌的行为。还有，全套西餐餐点是不需要全部点完的，点太多却吃不完反而失礼，只要能品尝到西餐的精髓就可以了，切忌浪费。

点酒礼节

在西餐厅里点酒时，千万不要硬装内行，会有精于品酒的调酒师拿酒单来。对酒不太了解的人，最好告诉他自己挑选的菜色、预算、喜爱的酒类口味，那么主调酒师会帮忙挑选。如果主菜是肉类，应搭配红酒，鱼类则搭配白葡萄酒。上菜之前，不妨点杯香槟、雪利酒或吉尔酒等较淡的酒来饮用。

餐中礼仪

就西餐礼仪来说，餐中礼仪是很重要的一环，它能够帮助人们进行良好的互动，让彼此的交流更加轻松、通畅，同时也可以让自己放松心情。以下介绍的餐中礼仪是比较简单和最基本的，而且也非常实用。

上菜的顺序

西餐的正餐，特别是正规的西餐宴会，其菜序既复杂又非常讲究，顺序如下：

①服务员一般会先上开胃菜，有冷盘和热盘之分，先吃冷的，再吃热的。由于要开胃，所以开胃菜一般都具有特殊风味，味道以咸和酸为主，而且数量较少，质量较高，常见的品种有鱼子酱、鹅肝酱、熏三文鱼、鸡尾杯、奶油鸡酥盒、焗蜗牛等。

②在你享用完开胃菜后，服务员接着会上汤。与中餐极大不同，西式的汤大致可分为清汤、奶油汤、蔬菜汤和冷汤等4类。品种有牛尾清汤、各式奶油汤、海鲜汤、美式蛤蜊周打汤、意式蔬菜汤、俄式罗宋汤、法式焗葱头汤。冷汤的品种较少，有德式冷汤、俄式冷汤等。

③当你喝完汤后，就要上以鱼类菜肴为主的副菜，有时也可以省略这道菜。此菜的品种包括各种淡海水鱼类、贝类及软体动物类。因为在鱼类菜肴中，其肉质鲜嫩，比较容易消化，所以放在主菜的前面。一般吃鱼类菜肴是十分讲究的，会配有专用的调味汁，品种有鞑汁、荷兰汁、酒店汁、白奶油汁、大主教汁、美国汁和水手鱼汁等。

④随着你品尝完第三道菜后，就轮到西餐里最重要的一道菜上场，也是最好吃的一道菜，一般以肉、禽类菜肴为主，其原料取自牛、羊、猪、小牛仔等各个部位的肉，其中最有代表性的是牛肉或牛排。牛排按其部位又可分为沙朗牛排（也称西冷牛排）、菲利牛排、“T”骨型牛排、薄牛排等，其烹调方法常用烤、煎、铁扒等。肉类菜肴配用的调味汁主要有西班牙汁、浓烧汁精、蘑菇汁、白尼斯汁等。禽类菜肴的原料取自鸡、鸭、鹅，通常将兔肉和鹿肉等野味也归入禽类菜肴当中。禽类菜肴品种最

多的是鸡，有山鸡、火鸡、竹鸡等，可以煮、炸、烤、焖的方式来烹制，主要的调味汁有黄肉汁、咖喱汁、奶油汁等。

⑤吃了那么多肉类菜肴，这时就需要吃一些蔬菜类的菜肴，这样才能达到饮食均衡。有时，此类菜肴会与肉类菜肴同时上桌，作为一种配菜，在西餐中称为沙拉，一般用生菜、番茄、黄瓜、芦笋等制作，其主要调味汁有醋油汁、法国汁、千岛汁、奶酪沙拉汁等。还有一些蔬菜是熟食的，如熟花菜、煮菠菜、炸土豆条等。

⑥西餐里必不可少的就是甜品了，一般是品尝完主菜后才会上的，也是许多人的挚爱。从真正意义上讲，它包括所有主菜后的食物，如布丁、冰激凌、奶酪、水果等。

⑦最后上的一道菜是饮品，包括咖啡、茶等。饮咖啡一般要加糖和淡奶油，而茶一般要加香桃片和糖，也可以随个人的爱好来饮用。

餐巾的使用

在前菜送来之前，把餐巾打开，往内折1/3，让2/3平铺在腿上，盖住膝盖以上的双腿部分，以便接住可能掉在大腿上的食物。最好不要使劲把餐巾抖开，动作要轻柔，若像围围兜一样围在脖子上，塞入领口或皮带里，这样会显得很滑稽。

铺在膝上的餐巾，在必要时，可以用反折内侧的一小角轻拭嘴边的脏污。餐巾若掉在地上，应请服务员拿一块新的给你，千万不要自己趴到桌下捡拾，还有一定不要用餐巾来擦拭餐具。若餐具真的不干净，可以让服务员重新更换一份新的餐具。如果需要暂时离开座位，可将餐巾放在椅背上，这样就表示还会再回来用餐。

刀叉的使用

刀叉的使用方式，有英国式和美国式两种。

英国式的使用方法要求就餐者使用刀叉时始终用右手持刀，左手持叉，边切割边叉着进食。美国式的使用方法是右刀左叉，一鼓作气将要吃的食物切割好，然后再把右手的餐刀斜放餐盘前面，将左手的餐叉换到右手，最后右手持叉进食。注意，不要把刀叉摆放成十字型，这在西方人看来是十分令人晦气的图

喝酒的姿势

酒类服务通常是由服务员负责将少量的酒倒入杯中，先让客人鉴别一下品质是否有误，只须把它当成一种形式，喝一小口并回答GOOD即可。接着，侍者会过来倒酒，这时，不要动手去拿酒杯，而应把酒杯放在桌上，由侍者去倒酒。

正确的喝酒姿势是用手指握杯脚。为避免手的温度使酒温增高，应用大拇指、中指和食指握住杯脚，小指放在杯子的底台固定。

喝酒时，绝对不能吸着喝，而是倾斜酒杯，像是将酒放在舌头上似的喝。轻轻摇动酒杯，让酒与空气接触以增加酒味的醇香，但不要猛烈摇晃杯子。

此外，一饮而尽，边喝边透过酒杯看人，拿着酒杯边说话边喝酒，吃东西时喝酒，口红印在酒杯沿上等，都是失礼的行为。不要用手指擦杯沿上的口红印，用面巾纸擦较好。

喝汤的方式

喝汤时，姿势必须要端正。如果将汤匙拿至嘴边时，上身易向前倾，变成“吸汤”，所以会发出声音。在欧美不叫“喝汤”，而是说“吃汤”，也就是要把汤送到嘴边吃下，这样便不会发出异响。需注意以下三点：

①喝汤时，背脊要挺直，脸不可朝下。西方有句俗语说“想惹人嫌，不妨喝汤弄出声”，由来就是这样的。喝汤时，汤匙要横拿，略略倾斜，以汤匙前端慢慢地靠近嘴边，目的是把汤倒入嘴里。

②喝汤时，需由内往外舀，右手拿汤匙，左手按住盘缘是最基本的姿势。不过，汤的分量尚多时，毋需由最里侧舀向外侧。舀起后，汤匙底部先在盘缘轻擦一下，再送至嘴里，否则汤汁极易滴落桌面或下巴，很不雅观。

③汤匙不要舀满。尤其是第一匙，千万不可太满，因为第一匙主要是要确认汤的热度。而且汤匙舀得太满，多不易凉，分两口吃会违反礼节；假如一口吞下，会因太烫而吐出，很不文雅。纵使汤的温度适中，舀的时候还是以不超过汤匙八分满为原则，不然也很容易滴落桌面。

美食的吃法

在西餐里，对于如何享用美味佳肴，用什么方法来食用，都是很讲究的，现简单介绍几种菜肴的食用方法。

鱼肉的吃法

鱼肉易碎，因此餐厅常不备餐刀而备专用的汤匙。这种汤匙比一般喝汤用的稍大，不但可切分菜肴，还能将调味汁一起舀来吃。

先用刀在鱼鳃附近刺一条直线，刀尖不要刺透，刺入一半即可，然后将鱼的上半身挑开，从头开始，用刀叉从骨头下方往鱼尾方向划开，再把针骨剔掉，并挪到盘子的一角，最后再把鱼尾切掉，以从左至右的顺序边切边吃。

肉类的吃法

吃鸡肉时，一般只吃鸡的一半。把鸡腿和鸡翅用刀叉从连结处分开，然后用叉子稳住鸡腿（鸡脯或鸡翅），再用刀把肉切成适当大小的片，而且每次只能切2～3片。吃肉排时，用叉子或尖刀插入牛肉、猪肉或羊肉排的中心，如果排骨上包有油纸，你可用手抓住有油纸的部位来切骨头上的肉，这样就不会把手弄得油腻腻的。

蔬菜的吃法

吃芦笋时，如果带有汤汁的，可先将芦笋切成小块，再用刀叉取食。

番茄除了用来做沙拉外，可以用手拿着来吃，可挑小点的，正好放入嘴中。不要张嘴咀嚼，因为这样汁液会溅出来，要把嘴唇闭紧来吃。

土豆片和土豆条是用手拿着吃的。如果土豆条里有汁，那样的话就要使用叉子。小土豆条也可拿着吃，但用叉会更好。如果土豆条太大，不好取用，就用叉子叉开，不要将其挂在叉上咬着吃，要把番茄酱放在盘子边上，用叉子叉着蘸食。还有，烤土豆在食用之前往往已被切开，可以用手或叉子将土豆掰开一点，加入奶油或酸奶、盐、胡椒粉来食用。

面包的吃法

在吃面包时，先用两手将面包撕成小块，再用左手拿来吃。

吃硬面包时，若用手来撕面包，不但费力，而且面包屑会散落。此时可用刀先把面包切成两半，再用手撕成块来吃。还有一点是要记住的：避免像用锯子似地切割面包，应先把刀刺入面包的一边，切时可用手将面包固定，避免发出声响。

甜点的吃法

吃冰激凌一般使用小勺。如果与蛋糕或馅饼一起吃，或作为主餐的一部分，就要使用一把甜点叉和一把甜点勺。

吃水果馅饼通常要使用叉子。如果主人为你提供一把叉子和一把甜点勺的话，那么就用叉子固定馅饼，用勺挖着吃。

餐后礼仪

在整个西餐礼仪中，餐后礼仪也是十分重要的，掌握良好的餐后礼仪，不但可以体现个人的修养和气质，更会增添个人的魅力与风度。

餐后无须特意折叠餐巾

用餐完毕，首先将腿上的餐巾拿起，随意叠好，无须折叠得太过整齐（切记不要把餐巾折叠成原来的样子，因为这样的行为带有抗议的意思），但也不能随便搓成一团。把餐巾放在餐桌的左侧，然后再起身离座。如果站起来后才甩动或折叠餐巾，就不合乎礼节了。如有主宾或长辈在座，一定要等他们拿起餐巾折叠时，才能跟着折叠。

餐后结账

用餐完毕后，不需要离座并走到柜台买单，只需礼貌地告知服务员把账单拿过来，然后再进行结账即可。服务员将账单递给你时，如果仔细对其进行一一核对或确认的话，那就有点失礼了，而且还会给其他人留下不好的印象。如果同桌用餐的人想要分账，应要提前告知服务员。若想刷卡付账的话，就要在预约餐厅时，先确认此餐厅是否可以刷卡，这样就不会当众失礼。

餐后送客

餐后送客是餐后礼仪的最后一个环节，也是最重要的一个环节。如果说迎宾是接待工作的序曲，那么送客就是接待工作的结束曲。懂得西餐礼仪的人，都会更加重视送客的礼仪，所谓“出迎三步，身送七步”，有始有终才是真正的送客之道。而且送客时一定要注意身体语言，微笑与细致的关照都会在无形中增进双方的好感，为下次的聚餐打下良好的基础。

four 传统的西式服务礼仪

西餐服务经过多年的发展，各国和各地区都形成了自己的特色。在西式服务中，常采用的方式有法式服务、俄式服务、美式服务、英式服务等。

英式服务

英式服务也称家庭式服务，主要适用于私人宴席。英式服务的气氛很活跃，相对于法式服务来说，比较省人力，但节奏较慢，主要适用于宴会，其上菜程序与法式、俄式相同，然而操作方式与法式、俄式又有所区别，分为三点：

①在英式西餐里，是不用餐盘的，铺台时也不摆餐盘，除汤盘和冷盘外，其余都是事先摆到桌面上的。

②客人所点的菜食，都是直接将菜盘放到客人面前，让客人享用。

③在服务过程中，一般不会派菜。

俄式服务

俄式服务是由一名服务员完成整套服务程序的服务方式。服务员从厨房里取出由厨师烹制的，并加以装饰的，放入银制菜盘的餐品和热的空盘，然后将菜盘置于西餐厅服务边桌之上，用右手将热的空盘按顺时针方向，从客位的右侧依次派给顾客，再将盛菜银盘端上桌子让顾客观赏，左手垫餐巾托着银盘，右手持服务叉勺，从客位的左侧按逆时针方向绕台给顾客派菜。

其他礼仪

在西餐中，除了前面提到过的餐前礼仪、餐桌礼仪以及餐后礼仪之外，还需要注意一些其他的小礼仪，这样可以避免出现失礼的状况，能助大家在进食中进行良好的互动。

吃意大利面有哪些礼仪

意大利面，又称之为意粉，是在西餐厅里最经常吃到的美味佳肴之一。那么，吃意大利面需要注意什么礼仪呢？

①最基本的规则就是，将双手环绕着食物，但是不可以把肘搭在桌子上。

②在用叉子缠绕面条时，不要用勺子协助，这是不允许的，只可用叉。

③吃面时不可以用刀或叉把面条切断来吃，意大利面的长度是刚好的，勿需切断食用。

吃沙拉要注意哪些礼仪

在西餐里，沙拉是一道比较简单的菜，那么在吃的过程中需要注意哪些礼仪呢？下面为大家简单介绍下。

①在吃蔬菜沙拉时，要将大片的生菜叶用刀切成小块，如果不好切，可以刀叉并用。一次只切一块即可，不要一下子将整碗或整盘沙拉里的蔬菜都切成小块。

②如果沙拉是一大盘端上来，则要使用沙拉叉；如果是和主菜放在一起端上来，则

要使用主菜叉来吃。

③如果沙拉是主菜和甜品之间单独的一道菜，通常要和奶酪、炸玉米片等一起食用。通常先取一两片奶酪放在沙拉盘上，再取两至三块炸玉米片。奶酪要用叉子叉着食用，炸玉米片则可以用手拿着吃。

④如果沙拉里配有沙拉酱，最好不要把整个沙拉酱拌到沙拉上，可以先将沙拉酱浇在一部分沙拉上，吃完这部分的沙拉后再加沙拉酱，直至加到碗底的生菜叶部分，这样浇沙拉酱就容易多了。

龙虾的吃法有哪些讲究

当餐桌上出现了龙虾，这意味着什么呢？龙虾应该搭配什么来吃，吃法又有什么具体讲究呢？我们一起来了解下吧。

吃龙虾一定要选择野生的

在选择龙虾时，最好挑选法国的野生龙虾，因为它生活在10米深的海底，比较鲜活，肉质较好，属于天然食物，其营养价值就不言而喻了。在很多法国餐厅的菜单上，都会专门注明了哪些龙虾是野生的，哪些龙虾是人工饲养的。

吃龙虾一定要配干白

食用龙虾时，使用海鲜刀叉即可，同时还配备一把钳子，在必要时可用来夹碎龙虾的钳子和硬壳，挑出里面的龙虾肉吃。

还要选择适当的酒配餐龙虾。龙虾的配酒，最好选择卢瓦尔地区出品的干白，以及一些波尔多地区生产的干白。因为龙虾是贵族人士在重要场合吃的食品，所以只能搭配同样贵重的酒来食用。

喝咖啡要注意的礼仪

喝咖啡的时候，一定要注意个人举止，主要是在饮用的数量、配料的添加、喝的方法等方面多加注意。

喝咖啡的具体数量

在西餐厅里，我们要注意杯数要少，因为喝咖啡是一种休闲或交际的陪衬、手段，所以最多不要超过三杯咖啡。还有入口要少，喝咖啡既然不是为了充饥解渴，那么在喝的时候就不要动作粗鲁，让人发笑。

有时根据需要，可自己动手往咖啡里加一些像牛奶、糖块之类的配料，同时一定要牢记自主添加、文明添加这两项要求。

给客人添加配料时不要越俎代庖

在为客人添加配料时，如果遇到某种配料用完需要补充时，不要大呼大叫。加牛奶的时候，动作要稳，不要倒得满桌都是。还有，加糖的时候，要用专用糖夹或糖匙去取，不可以直接下手。

握咖啡杯要得体

喝咖啡时，要先伸出右手，用拇指和食指握住杯耳后，再轻缓地端起杯子，不可以双手握杯或用手托着杯底，也不可以俯身就着杯子喝。洒落在碟子上面的咖啡，用纸巾吸干。如果坐在桌子附近喝咖啡，通常只须端杯子，而不必端碟子。如果离桌子比较远，或站立、走动时喝咖啡，应用左手把杯、碟一起端到齐胸高度，再用右手拿着杯子喝，这种方法既好看，又安全。

喝咖啡时要适时地和宾客进行交谈

用餐时，在大家品尝咖啡时，要适时地进行交谈，而且务必要细声细语，不可大声喧哗。也不可以乱开玩笑，更不要和人动手动脚，追追打打，否则只能破坏喝咖啡的现场氛围。还有，不要在别人喝咖啡时提出问题。在喝过咖啡要讲话之前，最好先用纸巾擦擦嘴，免得让咖啡弄脏嘴角。

法餐礼仪中要注意的禁忌

法式西餐被列为“西餐之首”。一顿正式的法式西餐大约有五道程序，吃起来十分漫长。那么吃法式西餐要注意什么呢?

①用餐完毕后，用餐巾抹手抹嘴，切忌用餐巾大力擦，只要用餐巾的一角轻轻抹去嘴上或手指上的油渍即可。

②切忌坐姿懒散。应该保持坐姿正直，不要靠在椅背上面，也不要趴在桌子上面。

③手臂切忌大幅度地打开，千万不要支棱着两个上臂，否则会干扰邻座客人用餐。正确的方式是两个上臂紧贴身体，进食时身体可略向前靠。

④切忌乱使用刀叉。摆在你面前的刀叉用具，是不可以任意使用的，都有严格的顺序，要由最外边的餐具开始，由外到内取用。

⑤切忌乱摆放用过的刀叉，吃完每一道菜，将刀叉交叉放，是非常不礼貌。应该将刀叉并排放在碟上，叉齿朝上。